娜娜媽 × Aroma

手工皂
精油調香
研究室

手工皂達人 **娜娜媽** ｜ 專業調香師 **Aroma** 著

一塊皂是一顆種子
會進行善的循環，將愛擴散

————

原本只是想改善家人的肌膚問題，而一頭栽進手工皂的世界裡，轉眼間十多年過去了，手工皂變成了我的事業與生活重心。因為授課分享，成為大家口中的「老師」；也因為出了幾本皂書，成為了「作者」，即使身分偶爾會有所轉換，但都脫離不了皂本身。一有時間，我還是在做我一開始就在做的事：打皂、研究配方、試做皂款等等，這些基本功是我可以延伸角色的養分，和大家一樣，在手工皂的世界裡，我依然不斷的在摸索與練習。

許多人會覺得娜娜媽將手工皂事業經營得有聲有色，似乎成功得很理所當然，也許因為我常與大家分享鼓勵打氣的話，較少說出過往的艱辛歷程，讓人誤以為這一路走來順遂無礙。不過只有我和一路在身邊相伴的家人才知道，這一切其實並不容易。創業初期曾經付不出房租，把結婚的金子都拿去賣掉（好像電視劇一樣 XD）；沒有訂單時，要懂得沉住氣等待；訂單來時，要承受趕工交件的壓力，不過也因為走過這些路，才讓我更加懂得感謝與謙卑。

我曾想著，一塊皂能做到什麼樣的程度？一塊皂的意義可以有多廣？一塊皂可以幫助多少人？隨著皂友的回饋，答案似乎也越來越清晰。我看到了手工皂好像一顆顆的種子，可以不斷的傳播並進行善的循環。有皂友分享著用自己做的皂，幫小 Baby、毛小孩清潔的感動；靠著手工皂二度就業的媽媽，重新找到了自己；還有中國佛山啟智學校的老師，教學生做皂、義賣，幫助這群小朋友到香港迪士尼圓夢……這些故事，好多好多，也是讓我繼續推廣手工皂的動力之一！

在手工皂的世界越久，就會發現還有很多值得研究與探索的事情，像是「香氣」。大部分的人一拿到手工皂，第一個動作就是拿起來聞一聞，也很在意洗的時候味道是否好聞持久。為什麼調了很香的精油，入皂就不香了？為什麼用了不同的配方，味道聞起來卻差不多？為什麼市面上找不到可以參考的調香書籍呢？關於那些大家不清楚、想知道的答案，娜娜媽很樂意與大家一同尋找，也很高興找到了也願意無私分享的專業調香師 Aroma，一同寫下我的第七本書，也獻給這一路上一同努力的皂友們！有任何問題，娜娜媽都會與大家一同尋找答案！

娜娜媽

知識實用兼具，第一本專為 手工皂設計的調香專書

———

與娜娜媽相識多年，緣於香氛。娜娜媽具資深的手工皂教學與製皂經驗，並深知皂友對於使用精油或各種香氛產品的疑惑、迷思、甚至各種問題，我們在多次的交流中，發現到手工皂調香與芳香療法調香是多麼的不同，於是我們有了一個共同的念頭，想要寫一本手工皂的調香專書。

看似單純的發想，執行起來卻相當不容易。由於國內外目前市面上均沒有針對手工皂的調香書，一切的資料幾乎從零開始，包括篩選適合原料、入皂實驗、調製成香氛複方再入皂的反覆實驗。

光是篩選適合的原料，初步羅列出的精油即有 150 多種，再加上 300 多種基本的單體，剛開始製成的皂疊起來好比一座山。在上百次實驗後，我們歸納、濃縮出書中約 70 種香氛材料。原料的篩選從環保、安全性、方便取得、CP 值高、價格合宜等，均在挑選評估內。

在實驗的過程中，也打破我過去所學的許多觀念，比如調香師在調製香氛產品時，會考量加入香氛基底的 pH 質，剛開始篩選單體原料時，我理所當然的優先實驗的都是耐鹼的單體，但最終結

果與我所預測的卻是相反，並不是耐鹼的單體表現就好，甚至有些所謂大分子、低音、底調的原料，表現性卻比高音、小分子的原料差。越是深入，發現其中的學問越是精深，這些所牽扯到的並不是只有揮發度、氣味強度的問題，也與成皂本身構造、甚至是接觸到水後的乳化現象有相關性。

寫書的過程很感謝娜娜媽不斷的提醒我，別將書寫成教科書，要以淺顯易懂的解釋，讓皂友們可以實際的應用在做皂中，並解決大家所遇到的問題。

在與娜娜媽、編輯欣怡、我三方不斷地來回討論與修改下，歷經好長一段時間，消耗了幾百公斤的油品、上萬元的實驗香氛素材，終於付梓成書。

對初學者而言，你可以在此書中找到如何搭配香氛，與簡單的示範配方；對香味有概念者，書裡有進階、甚至適合入皂的香水香型配方；想調配屬於自己香氣的皂友，透過這本書你可以了解到如何做出從皂體、泡沫、到肌膚表現均佳的配方。

也希望藉由這本書，解答皂友在手工皂調香上的困惑外，也能澄清大眾對天然甚至合成原料根深蒂固的誤解。

最後，特別感謝「台灣香菁生技股份有限公司」，提供百款精油與單體；以及在寫書期間，全力支持我的台灣香菁全公司同仁。

Aroma

目 錄
CONTENTS

Part3 娜娜媽的香氛造型皂 & 冷製短時透明皂

手工皂的調香基礎

手工皂調香與其他調香方式有什麼不同？

為什麼香水配方不適合用於手工皂？

天然精油不見得好、合成原料不見得不好？

關於香氣、關於手工皂，帶你進入手工皂的香氛世界。

手工皂調香與其他調香有什麼不同？

很多皂友會以為手工皂的調香方式與一般香水相同，但按照香水的調香方式所調製的材料，在入皂之後其香氣效果卻往往不盡如人意。

不管是參考芳香療法書中的精油配方或香水的調香配方，這樣的方式直接應用在手工皂中時，就會發現許多問題，諸如：成皂只剩淡淡香氣，還會聞到鹼味與油味；或是明明精油配方不同，但成皂氣味卻都很像；有放定香，但是香氣效果還是不好……。手工皂調香其實有其特殊性，接下來將告訴大家其中的差異與關鍵。

手工皂與香水的調香差異

不同基底會帶給香氣分子不同程度的影響，而且每種調香方式的考量不同，並不適合一昧採取將原料分類為高音、中音、低音，再加以調和的方法。

◀ 手工皂應使用專屬的調香方式，以香水或芳療配方調香，無法達到香味效果。

	香水	手工皂
基底原料	酒精	油、水、氫氧化鈉
產生的反應	香氛分子遇到酒精易產生半縮醛產物，這樣的反應通常不會破壞香氣分子的氣味，反之，經過熟化的香氣會更醇美、好聞。	芳香分子很容易與基底原料產生反應，會破壞或改變芳香分子的特性，所以味道就會被改變。
調香差異	香水的氣味強調豐富性、擴散性、持久性，尤其注重吸引人的前調。	手工皂注重的是入皂的香氣是否能遮蓋基底油與鹼的味道，以及沐浴時與沐浴後身上所散發的氣味。

為什麼放了定香，香氣效果還是不好？

很多皂友以為，放了定香的香精或精油（例如廣藿香、安息香、檀香），就可以帶來持久濃郁的香氣。其實手工皂調香，定香並不是重點，即使放了定香，不代表晾皂熟成後，香氣依然明顯。建議掌握以下兩個重點，就能讓你的皂即使不放定香，香氣依然持久：

1. 優先選擇氣味強烈的精油作為調香配方的原料。氣味強烈的精油例如丁香、肉桂、香茅、伊蘭、薄荷等等。可以參考本書 p.169 所列出的精油入皂評比，優先選擇皂體表面氣味 4 ～ 8 的精油。

2. 超過三支精油以上的配方，請均勻混合後裝於精油瓶中陳香兩個星期再使用，絕對不可以現調現用。

香氣分子入皂後 會產生什麼變化?

想要了解香氣分子在入皂後發生的變化,需先了解肥皂的製作過程。肥皂如以製程來區分,主要可分為以下三類:

1. 融化再製皂

俗稱 MP 皂(Melt & pour),將皂基經過加熱融化後加入香味,再入模塑型。

2. 冷製皂&熱製皂

冷製皂俗稱 CP 皂(Cold Process),利用油脂、鹼、水等基本原料製作而成。香味會在油、鹼、水混合後、皂液仍為強鹼時加入,因皂液入模後會持續的升溫,溫度與強鹼的影響下,CP 皂的製作過程並不利於香味的留存。

熱製皂俗稱 HP 皂(Hot process),通常會在原料混合攪拌時持續加熱,直到皂化完成再加入香氣。

3. 以皂粒加工的香皂

一般市售的肥皂雖然也是從油脂+鹼+水開始製作,但與手工皂的差別在於加入香味的時間點為皂化完成之後,通常是將成皂加工為皂絲或皂粒,再加入香味攪拌。

讓香氣改變的三大因子

精油入皂後,主要會受到三大因子影響,導致氣味產生變化,接下來一一詳述。

一、溫度

了解肥皂的製程後,大家應該會發現製皂過程中,往往伴隨著溫度的變化,會為香氣分子與精油帶來影響。沸點較低的香氣,很容易在皂液攪拌過程以及皂化升溫過程中流失。沸點簡單的來說,就是液體成為氣體的溫度轉換過程。

雖然一般柑橘類精油沸點均超過100℃,但所謂沸點的意思並不是需要加熱達到該溫度精油才會揮散,一般在常溫下都可能會讓精油揮散(像是水放在常溫下一整天,也會慢慢蒸發)。沸點越低香氣越容易揮發,右圖為手工皂常用精油的沸點。

製作手工皂時皂液的溫度越高,放入的精油隨沸點越低(分子量越小)越容易發揮,但成皂氣味是否明顯或持香,卻不是取決於沸點或是大分子、小分子(因為分子量並不代表氣味強度,有時分子量大的香氣分子,氣味卻是微弱的)。在實際的實驗中,以小分子為主要成分的精油(例如松脂、萊姆)氣味表現性均優於大分子精油(例如古瓊香脂以及部分大分子麝香單體)。

精油種類	沸點(°C)
冷杉	150～170
維吉尼亞雪松	150～300
甜橙	175
檸檬	176
迷迭香	176
澳洲尤加利	176
天竺葵	197
真正薰衣草	204
胡椒薄荷	209
快樂鼠尾草	210
醒目薰衣草	211
檸檬香茅	224
佛手柑	257
伊蘭	264
大西洋雪松	266
廣藿香	287

二、鹼性環境

曾有化學領域的學者，在 25% ～ 50% 濃度的氫氧化鈉溶液中，以不同的香氣分子測試其穩定性，不過這樣的做法僅能觀察香氣分子或精油是否會引起手工皂變色，無法觀察出香氣分子在手工皂的氣味表現。

因為精油本身並不是單一成分，而是多種化學成分所組成，舉例而言，像是薰衣草較大的比例成分是沉香醇與乙酸沉香酯，沉香醇在鹼性環境中相較乙酸沉香酯穩定，但乙酸沉香酯在鹼性環境中會直接水解為醇類（沉香醇＋酸類），所以薰衣草入皂之後氣味會逐漸改變。

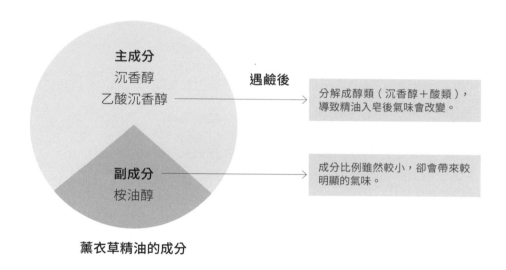

主成分
沉香醇
乙酸沉香醇 ——————→ 遇鹼後 ——————→ 分解成醇類（沉香醇＋酸類），
導致精油入皂後氣味會改變。

副成分
桉油醇 ——————→ 成分比例雖然較小，卻會帶來較明顯的氣味。

薰衣草精油的成分

從精油主成分與香氣分子是否容易與鹼反應來分析，薰衣草精油入皂後隨著時間越久，理論上整塊皂聞起來會充滿沉香醇香氣，但實際上卻是桉油醇的氣味較為明顯，概因精油的氣味特色與入皂氣味表現並非主成分所決定，而是其他次要甚至是微量的成分，這也是為何醒目薰衣草入皂的氣味表現比起真正薰衣草佳。

再舉例像是在單方精油的入皂測試中，同樣是以沉香醇為主要比例成分的精油芳樟（沉香醇含量 65 ～ 90%）跟白玉蘭葉（75% 以上的沉香醇），白玉蘭葉在成皂的氣味表現比芳樟要強許多，不僅氣味明顯，

持久性也佳。

容易與鹼反應的成分還有酚類，如丁香酚（丁香花苞的主要成分）在鹼水實驗中會逐漸變色並逐漸反應為沒有味道的鹽類，但在實際測試中，丁香花苞精油入皂後除了變色一項符合鹼水實驗外，其入皂後味道僅是失去丁香的辛辣感，變得更甜，但是氣味仍然明顯。

容易與鹼反應的香氣分子，可以說是失去了療效價值，但並不代表失去香氣，比如像檸檬醛是不穩定的氣味分子，在鹼水實驗中會逐漸變為黃色，但是它在皂體跟泡沫的氣味表現卻是優於在鹼性環境中穩定的香氣分子。

三、手工皂對香氣的影響

皂為界面活性劑，其組成由一端為疏水性的長鍊烷基，再加上親水性的羧酸鈉基所組成，故手工皂為其一端疏水一端親水的結構所組成，香氣分子的表現性在這樣的環境下所受到的影響有：

1. 香氣分子在成皂中的分布

像是含醛類的柑橘精油（甜橙與檸檬），入皂後檸檬烯特色氣味減弱，反倒是脂肪醛與檸檬醛的氣味會略為凸顯。

2. 遇水後乳化作用的影響

肥皂泡沫的氣味，也是精油氣味表現的考量之一。成皂氣味表現好的精油不代表泡沫氣味表現性好，所以在實務調製皂香氛時，兩者均會考量。

舉例來說，常見的玫瑰香氛配方是以高比例的香茅醇（Citronellol）搭配香葉醇（Geraniol）（此兩支成分為天竺葵的主要成分），搭配適量的苯乙醇，以及微量的大馬士革酮（Alpha），如果變成入皂用的玫瑰香氛時，首先要考量的就是各個香氛成分的成皂泡沫與肌膚氣味的表現性。

苯乙醇的成皂較天竺葵成皂氣味明顯而持久，但兩者的泡沫氣味表現卻是相反的，大馬士革酮成皂氣味與泡沫與肌膚表現都是最好的，故如果以精油加上單體來調製入皂用的玫瑰，在考量氣味表現下，提高大馬士革酮與苯乙醇搭配適量的天竺葵，就能搭配出各方面表現都不錯的玫瑰手工皂香氛。

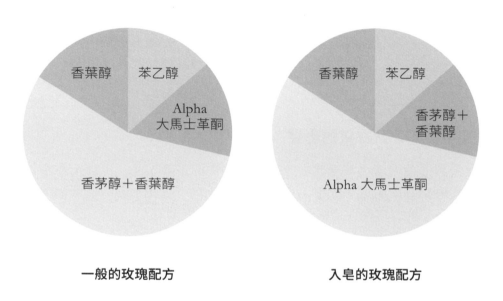

一般的玫瑰配方　　　　　　　　　入皂的玫瑰配方

給初學者的調香建議

1. 精油品質會影響手工皂香氣表現，所謂的芳療級、手工皂級、醫療級的分別，是商人給予的分級，皂友們只要選擇品質優良、可靠的精油來源即可。

2. 以電子秤或微量秤精準測量（克數太少時可以滴數計量）。盡量避免不精準的滴數或是 ml 數計算方式。

除了精油
你還需要認識「單體」

推廣單體調香多年來，最常聽到的問題不外乎是：單體是化學合成嗎？
單體調成的香味是否就是香精？香精不是都不好嗎？單體不都是從石
油合成而來、價格低廉、對人體不好、不環保？

從調香師的角度來看，單體與各種方式萃取的天然原料（精油、原精、
凝香體）都是我們所使用的原料之一。所謂的化學 Vs. 天然，只不過
是商人炒作的話術，人體本身便是一座小型的化工廠，不是嗎？

了解單體就像是打開一本芳香療法書一般，芳香療法書對於精油的使
用禁忌、安全劑量或是不同用法都有詳述的記載，甚至是現在不需要
買書、透過網路精油資訊也觸手可及，相形之下單體資訊卻是乏善可
陳，且多數是網路的錯誤流傳資訊。單體與精油密不可分，想了解單
體我們先來了解精油的療效是從何而來的吧！

天然精油才具有功效嗎？

許多精油對人體的功效，往往是來自以往的科學家以精油中的成分對
人體、動物做實驗而歸納而得的結果，但是各種精油療效的科學論述，
其實是奠基在單體的研究之上。

「天然精油對人體才有療效」的說法有待商榷，日本科學家曾以合成
的檀香分子測試療效，發現受測者的肌膚暴露在合成的檀香分子下，
癒合速度加快 30%，甚至合成的麝香分子也與天然的香氛分子相同，
具有能夠放鬆腦波或是激勵腦波的效果。

例如真正薰衣草精油含有大量的沉香醇、乙酸沉香酯，經動物實驗證實，這兩種成分有鎮靜安眠的作用，而人體實驗上，受測者在嗅聞後的腦波波動，也證實了這一點。另外一種穗花薰衣草，由於含有大量的尤加利葉素，作用是清醒與振奮，這樣的單一成分實驗有助於醫生以及芳療師在看到精油成分時，就能判定這支精油有哪些功效，以及對人的心理、生理會產生哪些作用。

這也是為何坊間的精油書籍在論述精油功效時，單一精油功效良多，且很多都具有類似的功效（比如含香葉醇（Geraniol）的天竺葵與玫瑰草都能夠抗菌），歸根究底原因在於一支精油少說數種甚至高達幾百種化學成分（芳香成分／單體）在內。

從小陪伴不少台灣民眾長大的綠油精，其實就是一支很好的單體＋精油的芳香療法產品。使用過綠油精的人，都會覺得很好用，而它也的確是一支很好的芳香療法產品，但綠油精並不是完全由 100% 純天然精油調製的，其中也具有化學成分（芳香單體），而這化學成分（芳香單體）也是調香師在調香時會使用到的所謂 isolates（單體／單一芳香分子）。

▲丁香

▲薄荷

綠油精的成分

甲基水楊酸鹽：冬青油（wintergreen）的主要成分
薄荷醇：薄荷精油（peppermint）的主要成分
樟腦：樟腦油（camphor）的主要成分，也存在迷迭香、醒目薰衣草當中
桉葉油：尤加利精油（Eucalyptus）
丁香油：丁香精油（clove）

註：綠油精為新萬仁化學製藥股份有限公司註冊之商標。

香氛產業的六大歷程

看到這裡，大家是否對於單體有基本的了解呢？製作手工皂時皂友們所使用的薄荷腦、冰片事實上就是單體的一種，不僅會做為香料添加在各種香妝品中，甚至是食品香精、乃至於中藥當中都可見到其蹤跡。

從芳香療法的角度來了解單體與精油，無法窺見香水工業其全貌，畢竟整個香水工業所使用的原料（天然與合成）有近四千種，但我們可以從香精香料工業發展的歷程脈絡，以來源與製程對單體的種類做簡單的分類。

香氛產業所使用的原料，如果以原料來源粗略的區分，大致可分為天然與合成兩類，而這些原料的大宗應用歷史可分為以下 A 至 F 六個時期：

時期 A：天然精油、原精。

時期 B：天然來源的分餾單體，例如丁香酚（Eugenol）、無萜油（Terpeneless oil）、玫瑰醇（Rhodinol）。

時期 C：以天然物進一步利用簡單的合成工藝所製成的單體，例如從丁香酚（Eugenol）合成為異丁香酚（Iso Eugenol），雪松烯（Cedrene）合成為甲基柏木酮（Acetyl Cedrene）。

時期 D：以天然物進一步利用較複雜的合成工藝所製成的單體（這類的單體不一定存在於天然界），例如蒎烯（Pinene）合成為牻牛兒醇（Geraniol）或二氫月桂烯醇（Dihydromyrcenol）。

時期 E：以合成物進一步利用複雜的工藝加工合成所製成的單體，例如 4- 異丙基環己烷甲醇（Mayol）。

時期 F：以合成物進一步加工為天然界存在的香氛單體，例如芳樟醇（Linalool）、大馬士革酮（Damascones）。

整個香水工業的原料從 A 時期逐漸過渡到 F，其中影響的關鍵原因是：1. 人類的商業活動（全球對香精香料的需求急遽增加）、2. 氣候變遷導致天然資源匱乏、3. 環保意識抬頭。

最初的合成單體多以天然物再進一步利用複雜的合成工藝製成，在合成技術與原料價格的限制下，早期許多合成單體多以石油為來源，但

是在石油危機後，許多香精香料公司開始找尋替代的來源，爾後衍伸了綠色化學、生物合成單體，甚至是更環保的單體製程。最佳的「變廢為寶」的例子，即為製紙工業的廢水在進一步處理後，轉變為能夠合成為許多單體的萜烯。

破除天然＝安全＝無毒的迷思

許多人認為精油是天然的（更進一步的還能夠選擇有機精油），一定就是比較健康甚至無害的。不過大家可曾想過何謂天然、有機？以法規而言是否有標準可言呢？答案是沒有。

在食品與美妝領域，「天然」與「有機」這兩個名詞，幾乎被視為同義字，但是，其實兩者是不同的。根據 IFRA（The International Fragrance Association）對天然一詞所給予的評論為：在香氛產業中，所謂的「天然」並沒有官方標準，「天然」是指存在於「自然」或是從天然物再經過加工的物質。美國食品藥品監督管理局（FDA）指出：所謂的天然是指不含人造物質或合成物質（包含天然或非天然的色素）。

美國農業部（U.S. Department of Agriculture）對有機食品的定義為：採用永續環保方式的種植過程，排除傳統農藥、合成肥料、污水污泥、生物工程、輻射污染。官方定義分歧，但消費者對於所謂的天然有機產品卻有著無比的盲目信任。

芳香植物所萃取的芳香成分被視為天然複雜物（Natural Complex substances/NCS），IFRA 僅容許符合 ISO9235：1997 對於 Aromatic natural raw materials-Vocabulary）定義的香氛，可標示為「天然」。廣義來說，ISO 9235 對於天然芳香物質是指採用蒸餾、壓榨、萃取，一般來說像是常見的精油，精餾處理的精油、單體、樹脂提煉或萃取，以及濃縮芳香物均被視為天然芳香物。天然產品協會（The Natural Products Association）更進一步規範石油來源的溶劑，禁止使用在萃取過程中，所以使用己烷所萃取的原精與凝香體是被禁止的。

制定這些規定的最大原因是為了保護群眾免於受到有毒物質侵害，當

我們跳出天然與合成爭議的角度，以「安全」與否來審視這些符合規範的天然芳香物質時，我們會發現當我們假定了這些萃取於自然界的天然芳香物質是安全時，通常我們也不會進一步的要求這些天然芳香物質需要經過科學化的驗證與檢測。長久以來消費群眾深深相信所謂的天然＝健康＝安全，因此所有來自於天然的必定是對人體有益的。但也因為天然芳香物質的成分是非常複雜的（一支薰衣草就含有就有上百種芳香分子），所以這也讓制定安全添加量的規範變得困難。

從天然萃取乃至於精油的安全性仍有待驗證，IFEAT（International Federation of Essential Oils and Aroma Trades）在二〇一六年於杜拜所舉行的會議指出，天然精油在食品調香部分的確有不可抹滅的地位，但是卻缺乏大量科學的安全性實驗來支持。

儘管香精香料工業越來越重視天然與合成原料的安全性，並且制定了越益嚴苛的使用規範，但天然與合成的爭議在消費者市場上從未停歇，在這個過度消費、資源日漸緊缺的年代，我們應該深思的是科技是否能改善，甚至對現在的資源浩劫與環境污染有所助益。

你所使用的精油環保嗎？

一九三〇年有個發明，改變了全人類的生活模式，短短不到一百年的時間，從包裝材料、衣服、建材、各類機器零件，食衣住行幾乎與它脫離不了關係。它擁有質輕、堅固、價廉、絕緣等優點，就是你我每天都會使用的——塑膠。

如此曾被稱為二十世紀人類最重要的發明，至今已演變成由陸地向海洋延伸的一場生態浩劫。合成高分子塑膠多數由石油提煉而成，便宜但是廢棄物難以處理，燃燒會造成大氣汙染；掩埋則會汙染地下水；回收經濟價值又太低。

於是代替石油來源的可分解塑膠，不論是化學合成或是生物來源，諸如微生物聚合物 PHA、化學合成聚合物 -PLA 聚乳酸、澱粉塑膠等相繼問世，再找出根本替代塑膠可真正分解而非僅僅裂解的替代產品前，不少環保團體呼籲：不塑生活，從聰明消費開始做起。

也許看到這裡，你會感到疑惑，塑膠與我們的香味有什麼關聯？大家不妨可以思考，精油的來源是否環保？天然並不等於環保，你知道要消耗一噸的花梨木才能產出 10 公升的精油嗎？更不要說多數品質上乘的花梨木精油，僅能從樹齡 20 年以上的樹木取得。從花梨木精油開始出現在香精香料市場上後約莫兩百萬棵花梨木遭到砍伐，僅僅 50 年花梨木即列入「瀕危樹種」，而人類花了近七八十年還無法恢復因為雨林消失，而導致生態崩壞、造就物種絕種的問題。

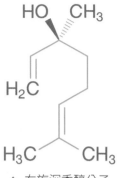

▲ 右旋沉香醇分子

近半世紀開始許多科學家、調香師相繼跳出來尋求可以替代花梨木的其他天然或合成來源。花梨木細緻的香氣來自於當中占了約莫七成以上的芳香成分——沉香醇（Linalool），經過實驗證實，這個芳香化學單體具有溫和廣泛的抗菌能力，這也是許多芳香療法師為何使用花梨木在治療女性婦科問題的原因。

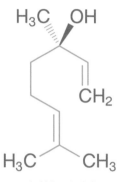

▲ 左旋沉香醇分子

許多香友喜歡使用的精油事實上都富含沉香醇，像是薰衣草、苦橙葉、佛手柑等等，而科學家與調香師合力在富含沉香醇的天然植物當中，去找尋能夠符合生態保育、永續生存目標的替代來源，像是甜羅勒、白馬鞭草、花梨木葉到芳樟均在考量之內。但甜羅勒的沉香醇含量過低，白馬鞭草以及芳樟葉氣味不符合消費者市場需求，目前較佳的替代品為花梨木葉，可惜的是直至今天，香精香料產業均還沒有一個很好的方案來替代花梨木。

一九九〇年由於全球對於香精香料的需求大幅上升，主要是民生洗劑用品，從固態清潔劑（洗衣粉、肥皂等）轉向液體洗劑（洗衣精、洗髮精、沐浴乳等），花梨木葉也面臨了匱乏的窘境。

合成沉香醇的迫切需求促使合成工藝大幅提升，到底合成的沉香醇是從哪裡來的呢？簡單來說有兩種途徑：1. 從天然的松樹脂中分餾的 α-蒎烯合成、2. 維他命 A 以及維他命 E 製作過程的副產物。

許多在精油市場上標明為 90% ～ 98% 沉香醇含量的「花梨木」精油，實際上是為合成單體（isolates），經實驗證實合成來源的沉香醇也具備一定的療效與抗菌力，雖僅以單體實驗來解釋精油的療效也過於偏頗，因為科學無法解釋的精油分子協同效益往往是療效的精髓，但是氣候異常，精油產量逐年下滑，相比之下全球對於天然香氛產品需求逐年攀升不下，天然資源匱乏與環保爭議，不僅存在花梨木，甚至是檀香、香草，或是台灣本土的檜木都面臨了同樣的問題。

如果單只是為了品質最好的花梨木（主成分為左旋沉香醇），取其柔美氣味、溫和療效，導致法屬歸亞納的花梨木面臨浩劫，幾乎成為光禿禿一片的荒地，雖現在漸有復育，但早已無法挽救那已遭破壞的生態環境，那麼我們是不是能聰明選擇從天然來源的合成沉香醇來調製喜歡的香氣呢？如同我們可以選擇其他人工合成的可分解塑膠製品？或是選擇不購買包裝過度的商品呢？

天然與合成的環保議題

二氫月桂烯醇（Dihydromyrcenol）是目前在香氛市場上被大量使用的天然合成芳香單體之一，它並不存在於自然之中，雖然「天然合成」芳香單體聽起來非常的矛盾，判定方式是此芳香物質從天然還是合成（如石油）進一步加工而成。二氫月桂烯醇是由製作維生素 A、E、K 的原料蒎烷（Pinane）高溫裂解之後再進一步的水合反應而成。

除了原料的環保與生態問題以外，氣候變遷、人口成長與人類經濟活動對環境的破壞與掠奪，讓自然資源隨著快速成長的需求日益吃緊。影響天然精油產量的因素遠比這更複雜，比如柑橘黃龍病菌最先在二〇〇五年佛羅里達柑橘種植區域被發現，爾後幾乎所有商業柑橘的產區幾乎都發現了此種病菌，除了柑橘之外，其他像是香草、薰衣草、檀香還有許多的天然芳香植物，也同樣的受到了氣候與病蟲害等影響，

面臨價格與產量的挑戰。

我們的生活早已脫離不了「化學」，是時候跳脫出窠臼，除了在意我們所使用的香氛是天然還是化學？我們更應該檢視的是，我們所使用的天然或是合成香氛原料取自於哪裡？是否環保？現今的香氛產業已逐漸脫離早期高污染製程或是以石油為大宗合成原料來源的生產方式，香氛巨頭企業將重心轉向以可再生資源來提取或合成香氣，持續引進綠色化學製程與生物科技來支持環境與生態的永續發展。

從原料的製程部分來看，綠色化學與相關製程還有生物科技所帶來助益並非一蹴可幾，長遠來看，從原料來源或是最終排放污染考量角度，都能夠實質的對環境產生正面的效益。

當我們比較生物科技製程所生產的香氛原料，以及天然精油廣藿香所產生的整體水足跡（Water footprint）與碳足跡（Carbon footprint），調查結果發現廣藿香精油從種植到萃取後的整個生產過程，所消耗的水資源及所產生的碳足跡，比起生物科技製程的單體、甚至是石化來源的單體所產生的的碳足跡為 10 倍，水資源耗用甚至可高達 1000 倍之多（主要水資源的消耗來源是廣藿香在種植灌溉、蒸餾過程中所耗用的水）。

同樣的比較天然精油中提取薄荷醇與合成薄荷醇所產生的碳排放量，天然薄荷醇所產生的碳排放量約為合成薄荷醇的 6 倍～ 12 倍，這並不是說天然香氛產品是導致全球暖化的原因，而是比較起來，現代科技的綠色化學製程比起傳統蒸餾法精油製程來得更友善環境。在石油危機之後，日漸高漲的原油價格早已讓石油來源的香氛原料變得不敷成本，日本一家香精香料製造商在那之後就逐漸將各種芳香單體逐一改為可再生資源或生物製程來源再進一步合成（例如薄荷腦）。

調香的同時，也將環境因素考慮進去吧！

單體是調香師創作的靈感，賦予調香師們創作無限的可能性，迪奧 - 清新之水（Dior -Eau Sauvage）的祕密成分是二氫茉莉酮酸甲酯

（Methyl dihydrojasmonate），少了氫基香茅醛（Hydroxycitronellal）、花語（Quelque Fleurs）黯然失色，經典如 CK One，如果拿掉了二氫月桂烯醇（Dihydromyrcenol）即失去了精髓。

一八八九年，嬌蘭（Guerlain）首次拉開合成單體的序幕，讓香水舞台變得多采多姿，經典如嬌蘭的藍調時光（L'Heure Bleue）於一九一二年使用了干邑葡萄的香氣單體 - 鄰氨基苯甲酸甲酯（Methyl anthranilate）；嬌蘭的蝴蝶夫人（Mitsouko , 1919）使用了聞起來帶有水蜜桃芳香的單體 Aldehyde C14。

以調香師的角度而言，除了創作以外，透過對原料的專業，我們可以採用更環保的原料、選擇環保原料，比如像本書中介紹的 Velvion（凡爾賽麝香複方）即是可分解麝香，Helvetoide（天使麝香複方）則是替代多環麝香的產品之一。

這些改變著眼個人來看，有些人會認為這無助改善整體環境，畢竟比起其他的產業，香氛在消費者的生活中分量之輕，容易被忽視。以瓶裝水相比，全球對於瓶裝飲料與瓶裝水所用的 PET（Polyethylene terephthalate）使用量在 10 年前已達到了近五千萬噸，相比之下全球的香氛清潔用品消費量僅約 PET 的三成。

著眼個人之力雖然微小，但透過香氛產品調香師能夠改變消費者的生活習慣，讓人們變得更環保，比如透過沐浴時能夠迅速釋放更有效力的宜人香氛就能有效縮短消費者的沐浴時間，或是帶來強烈潔淨感印象的香氛洗衣精，不僅能讓使用者縮短清洗衣物的時間與甚至降低洗滌時的水溫，綜觀全球香氛市場，數億消費者齊力所帶來的實質改變不容小覷，能大幅度改善水資源與能源的浪費。

以現在的消費市場來觀察，我們需要 1.4 個地球資源來維持現在水平經濟，到了二〇五〇年我們需要 2.3 個地球才能夠提供維持現在生活水準所需的資源，但是我們既沒有 1.4 個地球，也不可能在短短的數十年間變出 2.3 個地球。製作手工皂最原始的初衷不就是為了環保嗎？以香氛手工皂沐浴的同時，香氣洗滌了我們，我們同時也能藉由我們對原料的選擇，為我們的環境盡一份心力。

適合入皂的
香氛精油原料

想要搭配出芳香的氣味，需要先認識精油原料！
嚴選 70 種適合入皂的精油、單體、複方原料，
告訴你每種精油的香氣特性、入皂後的留香程度，
以及如何搭配出散發迷人皂香的香氛配方。

Aroma 老師獨創的「香氛概念輪」教你調出迷人的皂香

文／Aroma

味道是一件抽象的東西，雖然看不見，但是透過形容與描述，還是可以感覺出它們的氣息。接下來的內容，是與娜娜媽一同挑選並經過測試，羅列出近 70 款皂友們常用、或是好用但很多人不會用（像是氣息強烈卻調不出好聞味道）的精油，以及大家較陌生的單體（皂友大部分接觸的單體只有薄荷腦和冰片），只要學會如何運用這些精油與單體，就可以為手工皂的香氣帶來加分的效果。

不過要提醒大家，即使同一名稱的原料（包含精油與單體），也會因品質或不同的萃取方式，讓香氣表現有所差異。

「香氛概念輪」是什麼？

挑選出適合入皂的精油與單體後，再將具有相似感官印象的氣味予以

分類，像是聞起來感覺沉穩的為一類、散發出大自然芬多精味道的歸為一類，總共分為 A 到 M 共 13 類，並分為三大感官印象，形成一個「香氛概念輪」。

「香氛概念輪」的三大感官印象

「香氛概念輪」的外圍有綠色、咖啡色、粉紅色三個圓弧線（見左頁圖），是將 A ～ M 中具有相同氣味感受的區塊做分類，隨著每個區塊原料的特性不同，會出現相疊的半環，分別帶有下面的香氣特性：

1. 綠色色環——中性調

綠色色環中的原料都具有提振、振奮、清新、自然的特色。D 區域中的原料具有清涼的氣味。綠色色環與咖啡色環重疊的 E ～ G 區域，其氣味更多了激勵活力的感受。

2. 咖啡色環——男性調

咖啡色環中的原料有著鎮定、溫暖、激勵、活力充沛的特色。咖啡色與粉紅色重疊處代表該分類中的原料同時擁有多重面向，端看不同配方與劑量的用法。舉例來說，以下兩組配方，都有使用區塊 K 中的天使麝香複方與香草醛（Vanillin），但因使用的劑量不同與搭配組合不同，就會產生不同的氣味。

配方 1

提高天使麝香複方與香草醛劑量，能夠加強與柔和白玉蘭葉、伊蘭的氣味。

天使麝香複方	3g
Vanillin	0.5g
白玉蘭葉	4g
伊蘭	2.5g

配方 2

少量的天使麝香複方與香草醛，並加入其他色環的原料，能讓木質香氣聞起來更溫暖。

天使麝香	1g
Vanillin	0.1g
Coumarin	0.5g
癒創木	6g
維吉尼亞雪松	3g

3. 粉紅色環──女性

粉紅色環中的原料有著柔軟、宜人、優雅、柔和的氣味特色。分類在粉紅色環中的原料,聞起來較具女性特質。粉紅色環與其他色環重疊處,代表該分類中的原料同時有多重面向,端看不同配方與劑量的用法。皂友們可以試著發掘各種原料的不同用法,或可以參考書中原料介紹中的示範配方,就會發現香味多變有趣之處。

「香氛概念輪」各區塊裡的代表原料

分類 A 白松香、鳶尾根複方、胡蘿蔔種子

分類 B 檸檬、佛手柑、葡萄柚、甜橙、蒸餾萊姆、山雞椒、青檸萊姆複方、黃橘、香茅、檸檬香茅、檸檬尤加利

分類 C 冷杉、絲柏、杜松、松脂、檜木、乳香、摩洛哥洋甘菊、鼠尾草、苦艾

分類 D 胡椒薄荷、綠薄荷、冰片(龍腦)

分類 E 熱帶羅勒(沉香醇羅勒)、甜茴香

分類 F 丁香花苞、錫蘭肉桂、中國官桂、薑

分類 G 真正薰衣草、醒目薰衣草、迷迭香、茶樹、澳洲尤加利、快樂鼠尾草、MIAROMA 草本複方

分類 H 大西洋雪松、癒創木、紳士岩蘭複方

分類 I 橡樹苔原精、岩玫瑰原精、麥芽酚(Maltol)、乙基麥芽酚(Ethyl maltol)、MIAROMA 清新精萃

分類 J 紅檀雪松、維吉尼亞雪松、岩蘭草、廣藿香、咖啡、零凌香豆素(Coumarin)、中國雪松、MIAROMA 白檀木

分類 K 蘇和香、安息香、香草(Vanillin、Ethyl vanillin)、環十六烯酮(Velvione)、海佛麝香(Helvetolide)、天使麝香複方、祕魯香脂

分類 L 茉莉原精、伊蘭、白玉蘭葉、芳樟、花梨木、清茶複方、凡爾賽麝香複方、MIAROMA 月光素馨

分類 M 玫瑰草、天竺葵、甜橙花、苦橙葉、甲位大馬士革酮(Damascone alpha)、MIAROMA 月季玫瑰

香氛概念輪的應用

1. 調香初學者

剛開始摸索香氛原料，對
於香氛原料氣味還不熟悉，
不知道該挑選哪些原料或
是怎麼搭配。

目標

從香氛概念輪開始，熟悉
原料氣味與搭配練習，進
而調配出和諧好聞的氣味。

練習方式

1. 先將手上現有的香氛原
   料做分類，再挑出其中
   一支進行練習，找出此
   支香氛原料在香氛概念
   輪上的位置。

2. 找出此香氛原料在香氛概念輪上的位置後，接著再找出與它適
   合搭配的香味。最簡單的方式就是從同樣顏色的半環，或是與
   同一分類的原料做搭配。

示範說明

Step1 手邊目前現有的香氛原料有伊蘭、茶樹、佛手柑、芳樟、
白玉蘭葉、安息香、玫瑰天竺葵等，分別找出這些原料在香
氛概念輪上的位置。

Step2 挑選出伊蘭並找出其位置（L），接著再找出搭配的香氛。
可搭配同分類的茉莉原精、白玉蘭葉;或是同色環的分類 K、
M、A 原料，例如選擇分類 M 時，就可以搭配天竺葵、玫
瑰草、甜橙花、苦橙葉。

Step3 按照氣味強度來調配原料的比例，或是按照個人喜好調配。

2. 調香進階者

克服不同的香氣配方在入皂晾皂後，聞起來卻都大同小異的情形。

目標

善用香氛概念輪與原料的氣味評比，讓成皂散發出主題明確的芳香氣味。

練習方式

1. 請將手邊的所有香氛原料，按照香氛概念輪分類。

2. 在同一區塊中的所有原料都能夠互相搭配。如要避免呈現相似的味道，請盡可能不要重複搭配分類 B 與 G 的精油，分類 B 中，皂友常備的原料有：檸檬、甜橙、葡萄柚、香茅（檸檬香茅、香茅、檸檬尤加利）；分類 G 中常備的原料有：醒目薰衣草、真正薰衣草、迷迭香、澳洲尤加利，不管是選擇 B 或 G 的原料互搭作為不同皂的香氛配方，例如 A 皂＝檸檬＋甜橙＋檸檬尤加利；B 皂＝葡萄柚＋山雞椒＋香茅，這樣成皂後給予一般消費者的香氣印象是類似的。分類 G 的說明，大家可以參考 p.94 的說明。

3. 先構想希望調製出的香氣印象，再按照外圍三個色環的感官描述，找出對應的區塊。

4. 列出主題與對應區塊後，從各個區塊中去找出皂體氣味表現最好的原料，在配方中以該原料作為主要比例。

示範說明

Step1 手邊有綠薄荷、檸檬、苦橙葉、松脂、大西洋雪松、薰衣草、茶樹、尤加利等原料。

Step2 想要呈現自然的香氣，主題為春天、宜人、溫柔感覺。將手邊原料按照香氛概念輪分類，按照主題選出符合主題的區塊（分類 B、M 的區塊）。

Step3 參考成皂後的氣味評比（請見 p.169），在區塊中選出皂體表現最好的兩支原料。B 區塊皂體表現最好的為蒸餾萊姆與香茅；M 區塊皂體表現最好的為甜橙花與苦橙葉。

Step4 示範配方（總克數 100g），蒸餾萊姆 50g ＋香茅 10g ＋甜橙花 30g ＋苦橙葉 10g。可以按照喜好或是香氛概念輪中的區塊搭配建議做變化。

TIP 想要調製出符合主題且晾皂後（2～3 個月）仍帶有香氣的配方，整體主要比例最少一半以上必須是氣味評比表現在分數 3 以上的原料（如果晾皂的時間更久，例如 6～8 個月以上，就要選擇氣味評比更高分的原料）。

3. 調香高階者

調製出在皂體、泡沫，以及肌膚氣味表現性皆佳的香味。

目標

熟悉書中單體的氣味，並加入原有配方，豐富手工皂香氣，調製出符合主題的配方。

練習方式

薰衣草入皂氣味常見的問題就是氣味特色改變，雖然晾皂後皂體氣味表現不錯，不過久了之後，薰衣草的特有果香會被類似迷迭香與尤加利的涼味所取代。此時，我們可以用單體來加強薰衣草在皂中的氣味表現，而且此配方還能夠改善薰衣草沐浴時的泡沫氣味與肌膚氣味的表現。

示範說明

書中的配方案例「薰衣草之夢」（請見 p.164），以真正薰衣草（可以用醒目薰衣草替代，效果更好） 65g ＋凡爾賽麝香複方 30g ＋鳶尾根複方 5g，來達到想要的香氛效果。

70 支香氛精油的入皂測試心得

文／Aroma

我與娜娜媽在撰寫本書時，大量搜羅了市面上眾多品牌的精油，分別測試了它們入皂後的表現性，也將這些心得重點整理如下，提供大家參考。

1. 精油品質會影響入皂的表現性

同樣都是快樂鼠尾草精油，有的成皂三個月後表面氣味有 3.5 分（滿分 8 分），有的僅剩 1.5 分；也有伊蘭在晾皂期後就幾乎淡而無味。建議香友們，在購買時不妨多家比較，並慎選品質。

2. 比起價格，更應考慮入皂效果

與其以價格高低決定購買入皂香氛的種類，倒不如選購入皂效果好的香氛。貴一點但是入皂效果好的香氛或精油，手工皂調香中是很實用的，而且入皂用量省，成本算起來與便宜的香氛或精油是差不多的，甚至更省。

3. 不同製程，也會影響香氛的表現

不同製程的皂在香氛上有各自的問題，加入手工皂氣味穩定的香氛配方，不一定就會在其他製程的皂表現一樣好。比如苯乙醇（Phenylethyl alcohol）會讓一般冷製皂加速皂化，但在透明皂中則會影響皂體凝固。

4. 香氛單獨使用與搭配成複方，會帶來不同效果

想要利用不同搭配方式來創造擴散力，或是讓氣味變得明顯的原料，在精油部分是較困難的，以本書介紹的單體較為容易。

比如說 Methyl Jasmonate（存在於茉莉花中的香氛成分），在單獨入皂時氣味強度跟氣味穩定性表現都差強人意，但是一旦跟其他白色花香的成分一起搭配時，兩者相得益彰，能創造出氣味明顯、持續力久的手工皂香氛；脂環酯類的麝香（例如海佛麝香 Helvetolide），入皂氣味微弱，肌膚表現性也差，需要跟其他的香氛搭配，才能搭配出表現好的複方香氛。

5. 所有複方配方配置完成後，需陳香兩週

打皂時才調製複方，沒有經過陳香過程，會讓香氣分子之間彼此難以容和協調，無法發揮到最佳的香氛效果。

6. 不是使用大分子精油就能讓皂變香

大分子精油或是單體並不是每支都適合入皂使用，比如像是古巴香脂、古瓊香脂就完全不適合加入手工皂調香，因為其香氣表現性差，氣味特色也無法在手工皂中表現。

大分子的精油或是單體在手工皂調香中的角色與其說是定香，倒不如說是用來修飾整體氣味（比如 p.106 癒創木、p.116 維吉尼雅雪松）。不過，所有大分子精油與單體在皂體表面揮散（氣味變淡）的速度，比其他精油來得緩慢。但這邊要再強調一次，手工皂調香首要考量的絕對不是以大分子精油或單體作為配方主要比例，這樣設計的配方會導致成皂晾皂期過後氣味微弱、甚至是辨識度低，每塊聞起來都大同小異的原因。

使用說明

香氣
概念輪
B

蒸餾萊姆

英文名稱 Lime Distilled
拉丁學名 *Citrus limetta*

表面氣味
5.5
●●●●●○○

泡沫氣味
6
●●●●●●○○

肌膚氣味
1
●○○○○○○○

關於本書收錄的原料說明：

【 精油 】

本書天然原料選材主要以氣味表現佳的原料為優先，包括常用精油，或是少用但入皂效果好的精油。

並對皂友容易有問題的原料進行說明，比如氣味難調配，或是容易調製出相近氣味的原料。

【 單體 】

香水工業常用單體有一千多支以上，價格差異甚大，從每公斤幾百元台幣到數十萬的都有，在入皂表現上，即便是單聞氣味強度強、原料特性耐鹼，也不代表其入皂後在皂體、泡沫、肌膚殘留的氣味表現佳。像是帶有草莓氣味的單體 Aldehyde C16（同時也廣用於食品調香，許多兒童調味牙膏中也有其蹤跡），其原料特性耐鹼、氣味強度甚強（在香水調香中為低劑量使用），但實際入皂測試後各方面表現均差。因此，本書挑選出與精油搭配性強、取得容易、價格合宜、入皂效果好的單體。

【 複方香味系列 】

以下列為本書複方原料的挑選原則：1. 低汙染、環保；2. 價格合宜；3. 與常用精油搭配性廣；4. 加入後可以直接強化整體配方氣味表現。

推薦①：IPARFUMEUR 純香馥方

以環保、安全單體為主，結合調香藝術，打造一系列最適合與精油搭配的純香複方。

原料不多的調香初學者使用純香複方系列時，可以直接強化精油配方的香氣表現。對於進階調香者，純香複方可以在不影響整體配方特色、搶味的情況下，達到修飾氣味並且增加進階調香者的香氛變化性，即使只有精油也能輕鬆調製出市售香水的香調。

凡爾賽麝香複方 p.148　鳶尾根複方 p.44　　天使麝香複方 p.136

紳士岩蘭複方 p.108　青檸萊姆複方 p.60　　清茶複方 p.146

網站：www.iparfumeur.com

推薦②：MIAROMA 環保香氣

大量結合天然精油、原精以及凝香體，以調香美學打造出的香氛複方。對初學者而言，直接使用 MIAROMA 即能夠讓整體香氛產品達到水準之上，再不需要擔心所調製的複方香氣在晾皂過後氣味不佳，超過 22 支以上的香氛產品，可以打造出各式主題的香氛產品。

網站：www.miaroma.com.tw

關於香氣表現說明

- 精油入皂比例為皂液總重 ×2％；單體為 0.5～1％。配方 為 100％純椰子油皂。

- 精油品質影響香氣表現甚多， 以不同來源之快樂鼠尾草、天 竺葵精油來測試於皂中的香 氣，其香氣表現差異甚大。

- 單體的品質也會影響氣味表現， 概因合成的技術與純度。

- 氣味取其晾皂三到六個月的平均 表現。

- 期望成皂香氣在晾皂期甚至半 年後都還能夠具明顯、辨識度 高的香氣，建議挑選 3.5 分或 4 分以上的原料作為香氛配方主 要比例，請見 p.169 香氛原料 氣味表現一覽表。

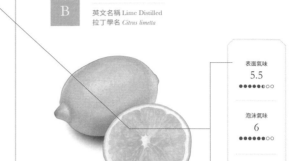

香氣 概念輪 B

蒸餾萊姆

英文名稱 Lime Distilled
拉丁學名 *Citrus limetta*

表面氣味
5.5
●●●●●●○○○○

泡沫氣味
6
●●●●●●●○○○

肌膚氣味
1
●○○○○○○○○○

入皂的萊姆精油需要選擇蒸餾法而非冷壓法，且需注意如果僅使用蒸餾萊姆入皂，其香氣並不優美宜人，建議可以與其他柑橘類精油（檸檬、甜橙、葡萄柚）調和，所散發出的香氣效果較好。

如果以常見的音階分類法來篩選手工皂調香原料，甚至調製手工皂香氣，是無法做出皂體、泡沫、肌膚表現性均佳的香氣，甚至會出現晾皂後皂體僅剩若有似無的香氣。以音階分類法來看蒸餾萊姆是分類在高音階，但在實際測試中，蒸餾萊姆精油在晾皂半年後的表現，比許多分類在低音所謂「可定香」原料來得好。

示範配方說明

- 示範搭配目的是讓初學者熟悉原料的氣味與應用，並對於原料可搭配的香氣 類型有基本認識，所以每種配方當中的原料會以 3～5 種為主，再搭配上複 方香味（IPARFUMEUR 純香馥方、MIAROMA 香氛系列）加強氣味的表 現，即使是手邊香氛原料不多的初學者，也能夠調製出好聞、變化多的香氛 配方。每個示範搭配用意為讓初學者熟悉原料的變化與搭配，在熟悉原料用 法後，可以自行依照喜好調整劑量。

- 建議使用微量磅秤，以克數精確計量原料，而非以滴數或 ml。

- 配方調和混合均勻後，裝入精油瓶中並放於陰涼乾燥處至少兩週，才能入皂

關於香氛概念輪

挑選出適合入皂的精油與單體後，再將具有相似感官印象的氣味予以分類，像是聞起來感覺沉穩的為一類、散發出大自然芬多精味道的歸為一類，總共分為 A 到 M 共 13 類，並分為三大感官印象，形成一個「香氛概念輪」。

搭配建議

以下建議的原料皆可以加入較高的劑量，來與蒸餾萊姆搭配。其他沒有提到的原料也可以與蒸餾萊姆搭配，但不建議加入太高的劑量，需酌量添加。

香氛概念輪

純香馥方·鳶尾根

檸檬、佛手柑、葡萄柚、甜橙、蒸餾萊姆、山雞椒、香茅、純香馥方·青檸萊姆

冷杉、絲柏、杜松、松脂、檜木、乳香

胡椒薄荷、綠薄荷、冰片、龍腦

真正薰衣草、醒目薰衣草、迷迭香、茶樹、澳洲尤加利

示範配方 1

呈現出清新、森林的香氛氣息。參考香氛概念環外環的感官說明，選擇可與萊姆高比例搭配的原料。

山雞椒	3g
蒸餾萊姆	4g
澳洲尤加利	2g
綠薄荷	1g

示範配方 2

此配方能帶來清新、木質、沉穩的香氛氣息。

蒸餾萊姆	3g
苦橙葉	3g
醒目薰衣草	2g
紅檀雪松	2g

示範配方 3

此配方主要為綠意柑橘香水調，還可加強入皂泡沫與肌膚氣味的表現。

白松香	0.5g
蒸餾萊姆	4.5g
檸檬	3g
乙基麥芽酚 Ethyl matol	0.5g
純香馥方·鳶尾根	2g

使用。本書進階的香氛配方使用的原料較多（p.162），建議拉長陳香時間至一個月。

• 粉末型原料與黏稠型原料在操作時要特別注意：粉狀結晶類，如香草醛（Vanillin）、乙基香草醛（Ethyl Vanillin）、麥芽酚（Maltol）、乙基麥芽酚（Ethyl matol）、零凌香豆素（Coumarin），建議與配方其他精油調和後，隔水加熱或隔水微波溶解。稠狀原料如橡樹苔原精、岩玫瑰原精、癒創木與其他精油混合後，隔熱水攪拌（加熱或不加熱均可），即可均勻分散。

• 有添加結晶狀、粉狀原料的複方香味於陳香後，可能會析出，使用前再次隔水加熱溶解即可。如要完全避免，調香時可降低粉狀或結晶狀原料的比例。

白松香

英文名稱 Galbanum
拉丁學名 *Ferula galbaniflua*

表面氣味

8

●●●●●●●●○

泡沫氣味

8

●●●●●●●●○

肌膚氣味

8

●●●●●●●●○

初學芳香療法或調香的香友，對於白松香的氣味幾乎都是敬謝不敏，因為它獨特的青綠氣味總讓人不知道該如何使用，不過也因為它足夠的氣味強度，所以入皂後可以帶來突出的香氣。

在氣味的搭配上，初學者可以使用鳶尾根複方與白松香做 2：1 的調配，能讓白松香獨特的青綠氣息變得柔和，或是可以將鳶尾根複方與白松香調和後，搭配右頁香氛概念輪的建議原料。

搭配建議

以下建議的原料皆可以加入較高的劑量，來與白松香搭配。其他沒有提到的原料也可以與白松香搭配，但不建議加入太高的劑量，需酌量添加。

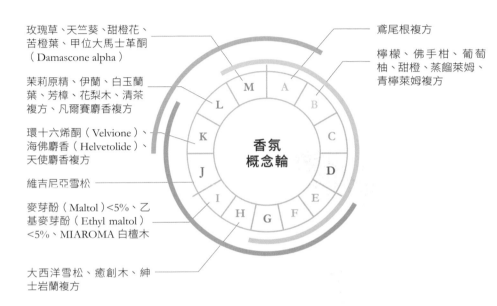

玫瑰草、天竺葵、甜橙花、
苦橙葉、甲位大馬士革酮
（Damascone alpha）

茉莉原精、伊蘭、白玉蘭
葉、芳樟、花梨木、清茶
複方、凡爾賽麝香複方

環十六烯酮（Velvione）、
海佛麝香（Helvetolide）、
天使麝香複方

維吉尼亞雪松

麥芽酚（Maltol）<5%、乙
基麥芽酚（Ethyl maltol）
<5%、MIAROMA 白檀木

大西洋雪松、癒創木、紳
士岩蘭複方

鳶尾根複方

檸檬、佛手柑、葡萄
柚、甜橙、蒸餾萊姆、
青檸萊姆複方

香氛
概念輪

示範配方 1

此配方主要傳遞出女性、柔和的香氣概念。

白松香	2g
鳶尾根複方	3g
伊蘭	3g
凡爾賽麝香複方	2g

示範配方 2

此配方主要傳遞出中性、溫暖、振奮的香氣概念。

檸檬	4g
白松香	1g
鳶尾根複方	1g
紳士岩蘭複方	3.5g
乙基麥芽酚	0.5g

純香馥方系列 ——
鳶尾根複方

▶ 鳶尾根複方分子圖

表面氣味	8 ●●●●●●●●○○
泡沫氣味	8 ●●●●●●●●○○
肌膚氣味	8 ●●●●●●●●○○

鳶尾根原精（Orris Concrete）一直是調香師不可或缺的調香原料。鳶尾根原精的製程耗時，價格高昂，在單體調配上多以紫羅蘭酮為主要原料，紫羅蘭酮可以從檸檬醛（可從天然的檸檬香茅精油中取得）加工製作而成。

「純香馥方」系列中的鳶尾根以天然來源的鳶尾酮（Irone）為主軸，加上可分解麝香，帶來中性而優雅的氣味，像 Baby 肌膚的柔軟粉香中，還帶著土壤與堅果香氣，有著鳶尾根原精特殊的乳脂香氣。

搭配建議

鳶尾根複方的氣味柔和，可以用來與氣味突出、較難搭配的精油相互調和。與大多數精油搭配入皂後，也能修飾氣味、並彌補泡沫與肌膚殘留氣味的不足，推薦調香初學者或皂友使用。

以下藍色標示的原料，為大多調香初學者認為氣味重、不好搭配的原料，都可以嘗試與鳶尾根複方做調和（比例見下方藍字）。下面各原料與鳶尾根的建議比例，皂友可以依照喜好與配方需要自行調整。

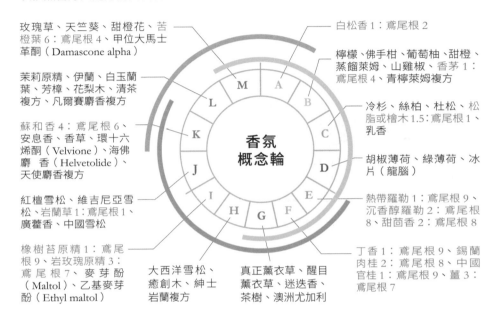

玫瑰草、天竺葵、甜橙花、苦橙葉 6：鳶尾根 4、甲位大馬士革酮（Damascone alpha）

茉莉原精、伊蘭、白玉蘭葉、芳樟、花梨木、清茶複方、凡爾賽麝香複方

蘇和香 4：鳶尾根 6、安息香、香草、環十六烯酮（Velvione）、海佛麝香（Helvetolide）、天使麝香複方

紅檀雪松、維吉尼亞雪松、岩蘭草 1：鳶尾根 1、廣藿香、中國雪松

橡樹苔原精 1：鳶尾根 9、岩玫瑰原精 3：鳶尾根 7、麥芽酚（Maltol）、乙基麥芽酚（Ethyl maltol）

大西洋雪松、癒創木、紳士岩蘭複方

真正薰衣草、醒目薰衣草、迷迭香、茶樹、澳洲尤加利

白松香 1：鳶尾根 2

檸檬、佛手柑、葡萄柚、甜橙、蒸餾萊姆、山雞椒、香茅 1：鳶尾根 4、青檸萊姆複方

冷杉、絲柏、杜松、松脂或檜木 1.5：鳶尾根 1、乳香

胡椒薄荷、綠薄荷、冰片（龍腦）

熱帶羅勒 1：鳶尾根 9、沉香醇羅勒 2：鳶尾根 8、甜茴香 2：鳶尾根 8

丁香 1：鳶尾根 9、錫蘭肉桂 2：鳶尾根 8、中國官桂 1：鳶尾根 9、薑 3：鳶尾根 7

示範配方 1

以鳶尾根矯正羅勒氣味，加入其他凸顯綠意與柑橘香氣原料。沉香醇羅勒也可用 0.1g 的熱帶羅勒取代。

沉香醇羅勒	0.5g
白松香	1g
鳶尾根複方	5g
十倍甜橙	3g
乙基麥芽酚	0.5g

示範配方 2

柔和丁香花苞氣味，並加入玫瑰元素。

土耳其玫瑰（見p.163）	5g
丁香花苞	1g
鳶尾根複方	3.5g
乙基香草醛	0.5g

示範配方 3

僅有苦橙葉、白玉蘭葉、佛手柑，配方變化過於單調，成皂皂體表現也不夠明顯。加入鳶尾根可同時提高苦橙葉的用量，修飾其氣味。

苦橙葉	3g
鳶尾根複方	4g
白玉蘭葉	2g
佛手柑	1g

檸檬

英文名稱 Lemon
拉丁學名 *Citrus limonum*

表面氣味

1

●○○○○○○○

泡沫氣味

2

●●○○○○○○

肌膚氣味

1

●○○○○○○○

很多皂友以為將檸檬精油入皂，可以為手工皂帶來清新的氣息，殊不知檸檬精油入皂後就會失去那股迷人的味道，而且晾皂約四個月後，皂體表面僅剩極淡的柑橘香氣。因為單靠檸檬精油本身是無法為皂的氣味加分，必需再加入其他原料才能有所提升，像是搭配山雞椒就能加強檸檬精油入皂後的香氣。

搭配建議

以下建議的原料皆可以加入較高的劑量,來與檸檬搭配。其他沒有提到的原料也可以與檸檬搭配,但不建議加入太高的劑量,需酌量添加。

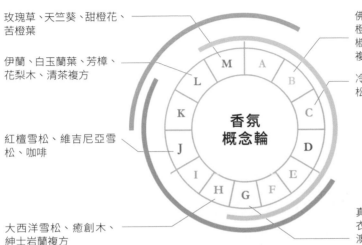

玫瑰草、天竺葵、甜橙花、苦橙葉

伊蘭、白玉蘭葉、芳樟、花梨木、清茶複方

紅檀雪松、維吉尼亞雪松、咖啡

大西洋雪松、癒創木、紳士岩蘭複方

佛手柑、葡萄柚、甜橙、蒸餾萊姆、山雞椒、香茅、青檸萊姆複方

冷杉、絲柏、杜松、松脂、檜木、乳香

真正薰衣草、醒目薰衣草、迷迭香、茶樹、澳洲尤加利

香氛概念輪

M A B C D E F G H I J K L

示範配方 1

加強檸檬精油入皂的香氣,使檸檬清新的氣味更加顯現。如果手邊沒有蒸餾萊姆,也可以用青檸萊姆複方替代。

檸檬	5g
山雞椒	2g
蒸餾萊姆	2g
胡椒薄荷或綠薄荷	1g

示範配方 2

以上面香氛概念輪所列出的原料,加入較高比例的乳香、迷迭香與檸檬搭配,成為配方的主要架構,再酌量加入大西洋雪松修飾使用。帶來清新、自然、木質的香味氣氛。

檸檬	3g
乳香	2g
迷迭香	3g
大西洋雪松	2g

示範配方 3

參考市售柑橘鳶尾中性香水,調整為適合入皂配方。入皂後可加強泡沫感,香氣也較能停留於肌膚上。

檸檬	3g
蒸餾萊姆	2g
鳶尾根複方	4g
天使麝香複方	1g
乙基麥芽酚	0.5g

佛手柑

英文名稱 Bergamot
拉丁學名 *Citrus Bergamia*

表面氣味

3

●●●○○○○○

泡沫氣味

2

●●○○○○○○

肌膚氣味

2

●●○○○○○○

佛手柑在調香中可以修飾氣味強烈、或不好聞（藥味）的原料；在手工皂調香中也是如此，尤其是可修飾茶樹、薄荷、澳洲尤加利這一類容易讓人有「藥味」或「清涼感」印象的精油原料。

搭配建議

以下建議的原料皆可以加入較高的劑量，來與佛手柑搭配。其他沒有提到的原料也可以與佛手柑搭配，但不建議加入太高的劑量，需酌量添加。

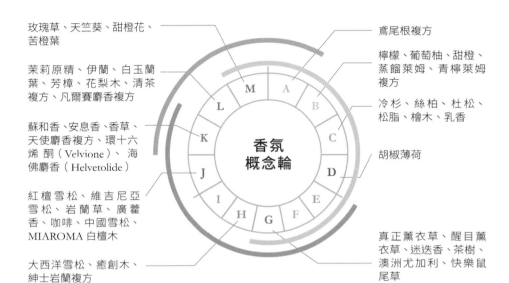

玫瑰草、天竺葵、甜橙花、苦橙葉

茉莉原精、伊蘭、白玉蘭葉、芳樟、花梨木、清茶複方、凡爾賽麝香複方

蘇和香、安息香、香草、天使麝香複方、環十六烯酮（Velvione）、海佛麝香（Helvetolide）

紅檀雪松、維吉尼亞雪松、岩蘭草、廣藿香、咖啡、中國雪松、MIAROMA 白檀木

大西洋雪松、癒創木、紳士岩蘭複方

鳶尾根複方

檸檬、葡萄柚、甜橙、蒸餾萊姆、青檸萊姆複方

冷杉、絲柏、杜松、松脂、檜木、乳香

胡椒薄荷

真正薰衣草、醒目薰衣草、迷迭香、茶樹、澳洲尤加利、快樂鼠尾草

香氛概念輪

示範配方 1

此配方呈現出男性、清新、清爽的香氣概念。

佛手柑	3g
快樂鼠尾草	2g
苦橙葉	2g
松脂	3g

示範配方 2

此配方呈現中性、柔和、宜人的香氣概念。

佛手柑	4g
白玉蘭葉	3g
甜橙花	3g

示範配方 3

參考市售佛手柑香水，調整為適合入皂的簡易配方。入皂後的泡沫香氣、肌膚殘留香氣表現佳。

佛手柑	3g
甜橙	3g
紳士岩蘭複方	4g

葡萄柚

英文名稱 Grapefruit
拉丁學名 *Citrus Paradisi*

表面氣味

1

●○○○○○○○

泡沫氣味

2

●●○○○○○○

肌膚氣味

1

●○○○○○○○

葡萄柚在香水中的氣味與效果與其他柑橘類（如檸檬、甜橙）不同，而入皂後在前三個月的晾皂期，皂體表面與泡沫氣味與其他柑橘精油會略有些不同，六個月後皂體表面氣味會比檸檬淡的快，好品質的葡萄柚精油價格比檸檬與甜橙昂貴，所以不建議作為入皂的首選，如果手邊剛好有時，或許可以試試。

搭配建議

以下建議的原料皆可以加入較高的劑量，來與葡萄柚搭配。其他沒有提到的原料也可以與葡萄柚搭配，但不建議加入太高的劑量，需酌量添加。

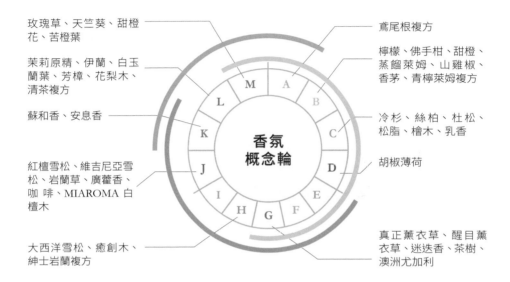

玫瑰草、天竺葵、甜橙花、苦橙葉

茉莉原精、伊蘭、白玉蘭葉、芳樟、花梨木、清茶複方

蘇和香、安息香

紅檀雪松、維吉尼亞雪松、岩蘭草、廣藿香、咖啡、MIAROMA 白檀木

大西洋雪松、癒創木、紳士岩蘭複方

鳶尾根複方

檸檬、佛手柑、甜橙、蒸餾萊姆、山雞椒、香茅、青檸萊姆複方

冷杉、絲柏、杜松、松脂、檜木、乳香

胡椒薄荷

真正薰衣草、醒目薰衣草、迷迭香、茶樹、澳洲尤加利

香氛概念輪

示範配方

可參考 p.46 的檸檬或 p.52 的甜橙配方，將配方中的檸檬或甜橙替換為葡萄柚即可。

甜橙

英文名稱 Orange Sweet
拉丁學名 *Citrus Sinensis*

表面氣味

2

●●○○○○○○

泡沫氣味

2

●●○○○○○○

肌膚氣味

1

●○○○○○○○

十倍甜橙入皂後的氣味強度與持香度較一般甜橙精油為佳,但不論哪種甜橙精油入皂後,都會失去甜橙精油果汁般的新鮮酸甜感,反倒是剝完柑橘果皮後的脂肪醛油味會隨著晾皂時間越長越明顯。要加強甜橙特有的柑橘氣味與在皂裡的持香度,除了加入山雞椒或是蒸餾萊姆外,也可以參考右頁的示範配方。

搭配建議

以下建議的原料皆可以加入較高的劑量，來與甜橙搭配。其他沒有提到的原料也可以與甜橙搭配，但不建議加入太高的劑量，需酌量添加。

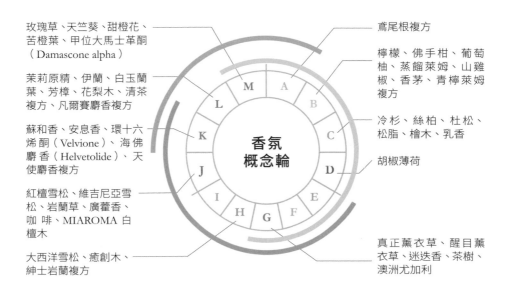

玫瑰草、天竺葵、甜橙花、苦橙葉、甲位大馬士革酮（Damascone alpha）

茉莉原精、伊蘭、白玉蘭葉、芳樟、花梨木、清茶複方、凡爾賽麝香複方

蘇和香、安息香、環十六烯酮（Velvione）、海佛麝香（Helvetolide）、天使麝香複方

紅檀雪松、維吉尼亞雪松、岩蘭草、廣藿香、咖啡、MIAROMA白檀木

大西洋雪松、癒創木、紳士岩蘭複方

鳶尾根複方

檸檬、佛手柑、葡萄柚、蒸餾萊姆、山雞椒、香茅、青檸萊姆複方

冷杉、絲柏、杜松、松脂、檜木、乳香

胡椒薄荷

真正薰衣草、醒目薰衣草、迷迭香、茶樹、澳洲尤加利

示範配方 1

用較便宜的甜橙精油，製造出血橙精油特殊的糖香。

十倍甜橙	9g
乙基麥芽酚	1g

示範配方 2

此配方能帶來熱帶柑橘果香。

十倍甜橙	5g
青檸萊姆複方	5g

示範配方 3

配方1的延伸款，多加了紳士岩蘭複方，可以提升皂的泡沫與肌膚氣味表現。

十倍甜橙	4.5g
乙基麥芽酚	0.5g
紳士岩蘭複方	5g

蒸餾萊姆

英文名稱 Lime Distilled
拉丁學名 *Citrus limetta*

表面氣味

5.5

●●●●●◐○○○

泡沫氣味

6

●●●●●●○○

肌膚氣味

1

●○○○○○○○

入皂的萊姆精油需要選擇蒸餾法而非冷壓法，且需注意如果僅使用蒸餾萊姆入皂，其香氣並不優美宜人，建議可以與其他柑橘類精油（檸檬、甜橙、葡萄柚）調和，所散發出的香氣效果較好。

如果以常見的音階分類法來篩選手工皂調香原料，甚至調製手工皂香氛，是無法做出皂體、泡沫、肌膚表現性均佳的香氣，甚至會出現晾皂後皂體僅剩若有似無的香氣。以音階分類法來看蒸餾萊姆是分類在高音階，但在實際測試中，蒸餾萊姆精油在晾皂半年後的表現，比許多分類在低音所謂「可定香」原料來得好。

搭配建議

以下建議的原料皆可以加入較高的劑量，來與蒸餾萊姆搭配。其他沒有提到的原料也可以與蒸餾萊姆搭配，但不建議加入太高的劑量，需酌量添加。

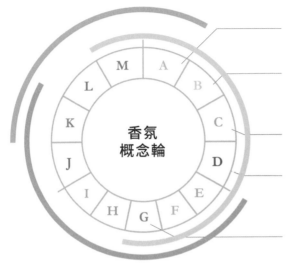

香氛概念輪

- 鳶尾根複方
- 檸檬、佛手柑、葡萄柚、甜橙、山雞椒、香茅、青檸萊姆複方
- 冷杉、絲柏、杜松、松脂、檜木、乳香
- 胡椒薄荷、綠薄荷、冰片（龍腦）
- 真正薰衣草、醒目薰衣草、迷迭香、茶樹、澳洲尤加利

示範配方 1

呈現出清新、森林的香氛氣息。參考香氛概念輪外環的感官說明，選擇可與萊姆高比例搭配的原料。此配方選擇同樣位於香氛概念輪綠色外環的原料做為主要搭配。

山雞椒	3g
蒸餾萊姆	4g
澳洲尤加利	2g
綠薄荷	1g

示範配方 2

此配方能帶來清新、木質、沉穩的香氛氣息。

蒸餾萊姆	3g
苦橙葉	3g
醒目薰衣草	2g
紅檀雪松	2g

示範配方 3

此配方主要為綠意柑橘香水調，入皂泡沫與肌膚氣味的表現佳。

白松香	0.5g
蒸餾萊姆	4.5g
檸檬	3g
乙基麥芽酚	0.5g
鳶尾根複方	2g

山雞椒

英文名稱 May Chang
拉丁學名 *Litsea cubeba*

表面氣味

4

●●●●○○○○

泡沫氣味

4

●●●●○○○○

肌膚氣味

1.5

●◐○○○○○○

山雞椒在手工皂調香中有兩種功能：一、可加強柑橘精油的表現，但要特別注意的是過高的山雞椒比例，會讓柑橘香氣失去特色；二、可以用來修飾具有藥味涼感的精油，像是茶樹、澳洲尤加利、薄荷等等，也可以酌量搭配甜茴香使用。在修飾具有藥味、涼感的原料上，山雞椒與佛手柑最大的不同在於，佛手柑會讓整體氣味柔和，山雞椒則能保持清新、自然的整體氣味。

搭配建議

以下建議的原料皆可以加入較高的劑量，來與山雞椒搭配。其他沒有提到的原料也可以與山雞椒搭配，但不建議加入太高的劑量，需酌量添加。

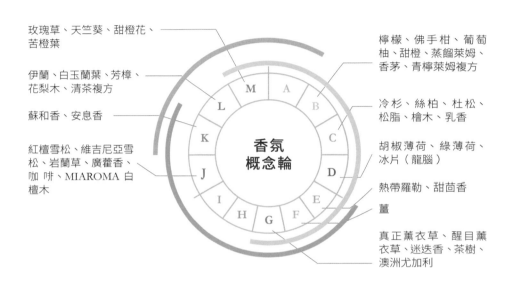

玫瑰草、天竺葵、甜橙花、苦橙葉

伊蘭、白玉蘭葉、芳樟、花梨木、清茶複方

蘇和香、安息香

紅檀雪松、維吉尼亞雪松、岩蘭草、廣藿香、咖啡、MIAROMA 白檀木

檸檬、佛手柑、葡萄柚、甜橙、蒸餾萊姆、香茅、青檸萊姆複方

冷杉、絲柏、杜松、松脂、檜木、乳香

胡椒薄荷、綠薄荷、冰片（龍腦）

熱帶羅勒、甜茴香

薑

真正薰衣草、醒目薰衣草、迷迭香、茶樹、澳洲尤加利

香氛概念輪

L M A B K C J D I E H G F

示範配方 1

加入新鮮薑精油，讓配方更富變化。需注意這裡的新鮮薑不可替換為乾燥薑精油。

山雞椒	3g
青檸萊姆或蒸餾萊姆	5g
新鮮薑精油	2g

示範配方 2

僅有甜茴香＋醒目薰衣草＋紅檀雪松＋橡樹苔，氣味為沉穩的草本香氛，再加入山雞椒可以為整體香氣帶來清新感。

甜茴香	0.5g（約15滴）
山雞椒	3g
醒目薰衣草	4g
紅檀雪松	2g
橡樹苔原精	0.5g

示範配方 3

為配方 1 的延伸版，可以為皂帶來更好的泡沫與在肌膚氣味的表現性。需注意這裡的新鮮薑精油不可替換為乾燥薑精油。

山雞椒	3g
青檸萊姆	3g
新鮮薑精油	2g
紳士岩蘭複方	2g

香茅

英文名稱 Citronella
拉丁學名 *Cymbopogon nardus*

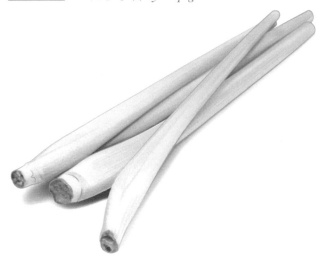

表面氣味

6

●●●●●●○○

泡沫氣味

5

●●●●●○○○

肌膚氣味

3

●●●○○○○○

香茅、檸檬香茅、檸檬尤加利由於價格便宜、氣味濃郁，成為許多皂友的基本必備精油。三者擇一購買即可，建議調香初學者可以優先選擇檸檬香茅。不過如果將這三種精油單獨使用在手工皂上，整體香氣不算太宜人，還容易讓人聯想到防蚊產品。

基本上，香茅、檸檬香茅、檸檬尤加利都可與香氛概念輪中的各區塊原料調和，差別在調和後的氣味是否好聞。一般皂友會選擇像是薰衣草、佛手柑、茶樹、芳樟等氣味柔和的原料來調和香茅的嗆味，但這樣的配方效果並不好，氣味也不算是好聞。

建議初學者或中階者可先選擇香氛概念輪中 M 區塊的原料，來矯正香茅的氣味，再與其他區塊的原料搭配。右頁的示範配方，以初學者較容易上手的檸檬香茅為示範，如想要香茅替代，可以將配方中的檸檬香矛劑量降低至一半或三分之一即可。以檸檬香茅搭配分類 M 的原料，調出仿檸檬馬鞭草的配方，請參考 p.159 的示範配方 1。

搭配建議

檸檬香茅或檸檬尤加利要搭配區塊 A ～ M 的原料前，建議都要先與區塊 M 的原料調和。

玫瑰草、天竺葵、甜橙花、苦橙葉、甲位大馬士革酮（Damascone alpha）

茉莉原精、伊蘭、白玉蘭葉、芳樟、花梨木、清茶複方、凡爾賽麝香複方、MIAROMA 月光素馨

蘇和香、安息香、香草、環十六烯酮（Velvione）、海佛麝香（Helvetolide）、天使麝香複方

紅檀雪松、維吉尼亞雪松、岩蘭草、廣藿香、咖啡、零凌香豆素（Coumarin）、MIAROMA 白檀木

橡樹苔原精、岩玫瑰原精、麥芽酚（Maltol）、乙基麥芽酚（Ethyl maltol）、MIAROMA 清新精萃

大西洋雪松、癒創木、紳士岩蘭複方

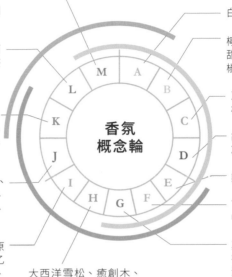

白松香、鳶尾根複方

檸檬、佛手柑、葡萄柚、甜橙、蒸餾萊姆、山雞椒、青檸萊姆複方

冷杉、絲柏、杜松、松脂、檜木、乳香

胡椒薄荷、綠薄荷、冰片（龍腦）

熱帶羅勒、甜茴香

丁香花苞、錫蘭肉桂、中國官桂、薑

真正薰衣草、醒目薰衣草、迷迭香、茶樹、澳洲尤加利、快樂鼠尾草

香氛概念輪

示範配方 1

加入香氛概念輪 M 區塊中的玫瑰草、甜橙花，矯正香茅、檸檬香茅、檸檬尤加利過嗆的氣味，擺脫防蚊產品的印象。

檸檬香茅	5g
玫瑰草	2g
甜橙花	3g

示範配方 2

配方 1 的延伸變化，加入土耳其玫瑰，將氣味的細緻度加以提升。

檸檬香茅	3g
玫瑰草	1g
甜橙花	2g
土耳其玫瑰（見p.163）	4g

示範配方 3

僅加入甜橙花，就足以矯正檸檬香茅過嗆的氣味，跳脫原本對檸檬香茅的印象。

檸檬香茅	5g
甜橙花	5g

示範配方 4

配方 3 的延伸變化，加入區塊 M 的甜橙花矯正檸檬香茅氣味，再加入區塊 K 的安息香、區塊的 L 伊蘭，將氣味的細緻度加以提升。

檸檬香茅	3g
甜橙花	2g
伊蘭	3g
安息香	2g

純香馥方系列 ——

青檸萊姆複方

表面氣味

6

●●●●●●○○

泡沫氣味

6

●●●●●●○○

肌膚氣味

3

●●●○○○○○

「純香馥方」系列的青檸萊姆為百分之百純天然的複方,主要成分有卡菲爾萊姆葉、蒸餾萊姆以及天然來源帶有熱帶水果香氣的含硫芳香分子。

可以用於加強一般柑橘精油的氣味強度,讓晾皂四個月後表面不再僅有微弱香氣,也能為香氛概念輪分類在區塊 C(冷杉、絲柏、杜松、檜木、乳香)或是區塊 G(薰衣草、迷迭香、茶樹、澳洲尤加利)的香氛原料在調香上帶來新意,讓味道不再千篇一律。

搭配建議

在加強柑橘氣味上用量不必多，建議比例為柑橘精油 3：青檸萊姆 1。青檸萊姆適合與香氛概念輪中各區塊的原料調和，也可以和柑橘精油調和後，再搭配咖啡色色環的原料，就能製作出適合男性的古龍水手工皂香氛，可參考 p.167 的「青檸羅勒」。

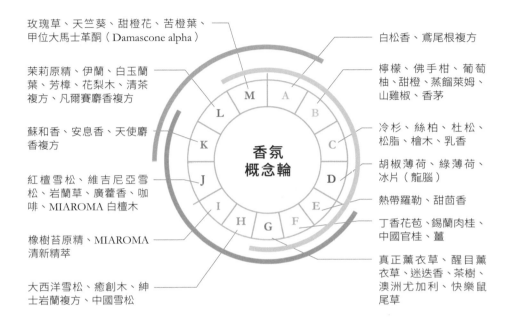

玫瑰草、天竺葵、甜橙花、苦橙葉、甲位大馬士革酮（Damascone alpha）

茉莉原精、伊蘭、白玉蘭葉、芳樟、花梨木、清茶複方、凡爾賽麝香複方

蘇和香、安息香、天使麝香複方

紅檀雪松、維吉尼亞雪松、岩蘭草、廣藿香、咖啡、MIAROMA 白檀木

橡樹苔原精、MIAROMA 清新精萃

大西洋雪松、癒創木、紳士岩蘭複方、中國雪松

白松香、鳶尾根複方

檸檬、佛手柑、葡萄柚、甜橙、蒸餾萊姆、山雞椒、香茅

冷杉、絲柏、杜松、松脂、檜木、乳香

胡椒薄荷、綠薄荷、冰片（龍腦）

熱帶羅勒、甜茴香

丁香花苞、錫蘭肉桂、中國官桂、薑

真正薰衣草、醒目薰衣草、迷迭香、茶樹、澳洲尤加利、快樂鼠尾草

香氛概念輪

示範配方 1

可以帶來森林、提振精神、清新的香氛印象。

青檸萊姆	2g
十倍甜橙	4g
澳洲尤加利	1g
松脂	3g

示範配方 2

任一柑橘精油加上薰衣草是最常見的手工皂香氛搭配，但在氣味變化上過於單調，可以大膽的使用一些「純香馥方」搭配香氛概念輪中各區的原料，嘗試不同的香氛搭配。

青檸萊姆複方	2g
醒目薰衣草	3g
鳶尾根複方	4g
綠薄荷	1g

示範配方 3

調和羅勒不好聞的味道，製作成適合入皂的男性古龍水皂香。

「青檸羅勒」（請見p.167）

冷杉

英文名稱 Fir Needle
拉丁學名 *Abies Sibirica*

表面氣味

1.5

●◐○○○○○○

泡沫氣味

3

●●●○○○○○

肌膚氣味

1

●○○○○○○○

冷杉精油（或稱西伯利亞冷杉）使用在液體皂、擴香竹的效果都會比使用在手工皂中來得佳，加入手工皂後容易失去冷杉特有的冷冽清新氣味。在手工皂的調香中，建議不要單獨使用，可以與茶樹、檜木、澳洲尤加利、藍膠尤加利、松脂這類予人有藥感、廉價印象的精油調和，能夠讓這類精油的氣味轉變為宜人的芬多精氣味。

搭配建議

以下建議的原料皆可以加入較高的劑量,來與冷杉搭配。其他沒有提到的原料也可以與冷杉搭配,但不建議加入太高的劑量,需酌量添加。

玫瑰草、天竺葵、甜橙花、苦橙葉

茉莉原精、伊蘭、白玉蘭葉、芳樟、花梨木、清茶複方、凡爾賽麝香複方、MIAROMA 月光素馨

蘇和香、安息香

紅檀雪松、維吉尼亞雪松、廣藿香、咖啡、中國雪松、MIAROMA 白檀木

大西洋雪松、癒創木、紳士岩蘭複方

檸檬、佛手柑、葡萄柚、甜橙、蒸餾萊姆、山雞椒、青檸萊姆複方

絲柏、杜松、松脂、檜木、乳香

胡椒薄荷、冰片(龍腦)

薑

真正薰衣草、醒目薰衣草、迷迭香、茶樹、澳洲尤加利、快樂鼠尾草

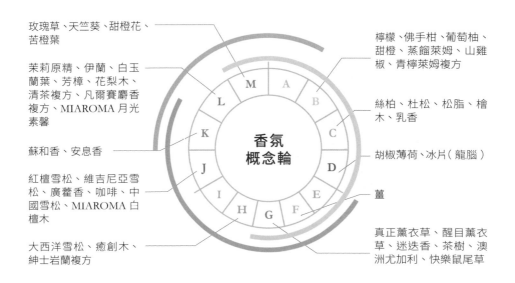

香氛概念輪

示範配方 1

此配方我命名為「芬多精」,成品為大自然芬多精的清新氣息。檜木建議使用檜木林之歌配方替代,請見 p.166。

松脂	3g
茶樹	1g
檜木	2g
冷杉	4g

示範配方 2

將配方1的芬多精配方,再加入癒創木、大西洋雪松,帶入木質的香氣。

芬多精配方(示範配方1)	6g
癒創木	2g
大西洋雪松	2g

示範配方 3

將配方1再加以延伸,調和出有如「森林花園」的香味,還可加強手工皂香氛的泡沫與在肌膚上的氣味表現。也可以從配方1取出8g,加入2g MIAROMA 月光素馨調和搭配。

示範配方 1	3g
白玉蘭葉	4g
伊蘭	2g
天使麝香複方	1g

絲柏

英文名稱 Cypress
拉丁學名 *Cupressus sempervirens*

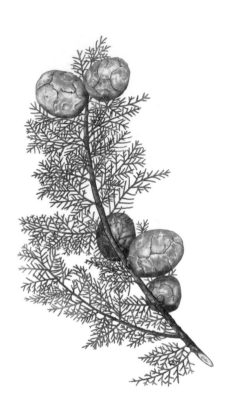

表面氣味

3

●●●○○○○○

泡沫氣味

3.5

●●●◑○○○○

肌膚氣味

1.5

●◑○○○○○○

在香水中，品質好的絲柏精油通常與麝香與琥珀類原料調和，可以帶出焚香的神祕氣味，不過加在手工皂中就沒有這樣的效果。但比起常見的松針類精油（像是歐洲赤松），絲柏有較好的氣味表現與持續力，但不建議單獨使用，建議與茶樹、檜木、澳洲尤加利、藍膠尤加利、松脂這類予人有藥感、廉價印象的精油調和，能讓這類精油轉變為宜人的森林感氣味。冷杉與絲柏所調出的芬多精氣味是完全不同的，建議大家都可以嘗試。

搭配建議

以下建議的原料皆可以加入較高的劑量,來與絲柏搭配。其他沒有提到的原料也可以與絲柏搭配,但不建議加入太高的劑量,需酌量添加。

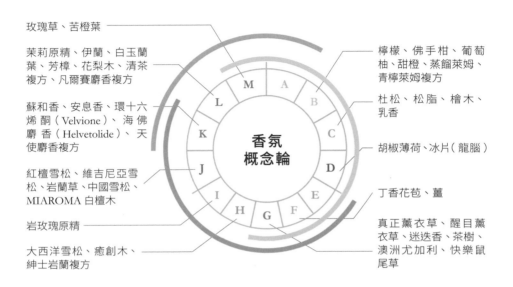

玫瑰草、苦橙葉

茉莉原精、伊蘭、白玉蘭葉、芳樟、花梨木、清茶複方、凡爾賽麝香複方

蘇和香、安息香、環十六烯酮(Velvione)、海佛麝香(Helvetolide)、天使麝香複方

紅檀雪松、維吉尼亞雪松、岩蘭草、中國雪松、MIAROMA 白檀木

岩玫瑰原精

大西洋雪松、癒創木、紳士岩蘭複方

檸檬、佛手柑、葡萄柚、甜橙、蒸餾萊姆、青檸萊姆複方

杜松、松脂、檜木、乳香

胡椒薄荷、冰片(龍腦)

丁香花苞、薑

真正薰衣草、醒目薰衣草、迷迭香、茶樹、澳洲尤加利、快樂鼠尾草

香氛概念輪

示範配方 1

光使用岩玫瑰原精與木質類精油,氣味會過於沉重,要搭配能提振氣味同時不離題的原料,故選擇絲柏與乳香。

絲柏	4g
乳香	3g
岩玫瑰原精	0.5g
紅檀雪松	2.5g

示範配方 2

不同於示範配方 1 沉穩悠遠的香氣,此配方較為清爽、昂揚。

絲柏	4g
乳香	3g
蘇合香	0.5g
MIAROMA 白檀木	2.5g

示範配方 3

延伸配方 1&2 的香氣概念,還能提升皂的泡沫與在肌膚上的氣味表現,成品氣味為沉靜木質焚香的中性香水調。

配方 1 或配方 2	7g
紳士岩蘭複方	3g

香氛
概念輪
C

杜松漿果

英文名稱 Juniperberry
拉丁學名 *Juniperfus communis*

表面氣味

2

●●○○○○○○

泡沫氣味

2.5

●●◐○○○○○

肌膚氣味

1

●○○○○○○○

杜松漿果在手工皂調香中最實用的用法，是用來修飾常見帶有「藥味」的精油，像是茶樹、澳洲尤加利、冰片（龍腦）、松脂、薄荷、醒目薰衣草、樟腦精油等等。手邊有胡蘿蔔種子精油、白松香，不知道該如何調配的皂友，也可以試試與杜松漿果或「純香馥方」系列互相搭配，也可以用於液體皂中。

搭配建議

以下建議的原料皆可以加入較高的劑量,來與杜松漿果搭配。其他沒有提到的原料也可以與杜松漿果搭配,但不建議加入太高的劑量,需酌量添加。

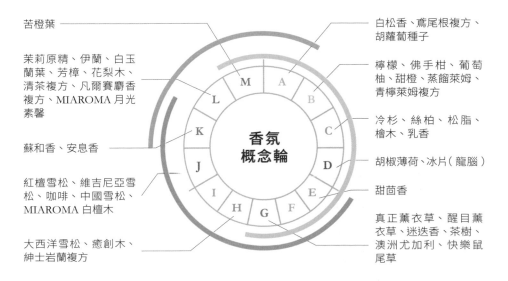

苦橙葉

茉莉原精、伊蘭、白玉蘭葉、芳樟、花梨木、清茶複方、凡爾賽麝香複方、MIAROMA 月光素馨

蘇和香、安息香

紅檀雪松、維吉尼亞雪松、咖啡、中國雪松、MIAROMA 白檀木

大西洋雪松、癒創木、紳士岩蘭複方

白松香、鳶尾根複方、胡蘿蔔種子

檸檬、佛手柑、葡萄柚、甜橙、蒸餾萊姆、青檸萊姆複方

冷杉、絲柏、松脂、檜木、乳香

胡椒薄荷、冰片(龍腦)

甜茴香

真正薰衣草、醒目薰衣草、迷迭香、茶樹、澳洲尤加利、快樂鼠尾草

香氛概念輪

示範配方 1

能帶來清新、森林感的香氛感。

杜松漿果	5g
松脂	3g
迷迭香	1g
醒目薰衣草	1g

示範配方 2

能帶來中性略有涼感的草本木質味道。

杜松漿果	3g
苦橙葉	4g
岩蘭草	2g
白松香	0.5g
龍腦	0.5g

示範配方 3

由於胡蘿蔔種子精油的價格較為昂貴(5ml 就要近千元),且加入冷製皂中會破壞其成分效果,故較建議用於液體皂。
此配方聞起來帶有 Baby 肌膚般柔軟的粉感香氣,微量的胡蘿蔔種子與白松香賦予配方一點綠意。

胡蘿蔔種子0.2g(約10滴)	
白松香　0.1g(約 5 滴)	
杜松漿果	3g
鳶尾根複方	5g
凡爾賽麝香複方	2g

香氣
概念輪
C

松脂

英文名稱 pine oil
拉丁學名 *Pinus sylvestris*

表面氣味
5
●●●●●○○○

泡沫氣味
5
●●●●●○○○

肌膚氣味
1
●○○○○○○○

松脂精油並非松香油、香蕉油。常見是混合多種松針類精油蒸餾而成，多數為學名 *Pinus sylvestris* 的種類，松脂用途多用於溶劑，可以使用在手工皂調香中，但請勿用於薰香、液體皂，因為該原料容易刺激呼吸道。在手工皂調香中它能夠彌補多數精油無法帶出的芬多精般提振新鮮的氣味。建議可以將它與區塊 B、C、G 類原料搭配，能夠強化這幾類原料的皂體表面氣味表現。不建議單獨使用，因成皂香氣給人較廉價感印象。

搭配建議

以下建議的原料皆可以加入較高的劑量，來與松脂搭配。其他沒有提到的原料也可以與松脂搭配，但不建議加入太高的劑量，需酌量添加。

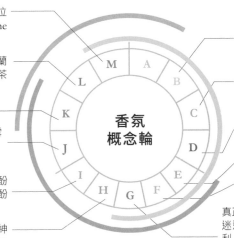

甜橙花、苦橙葉、甲位大馬士革酮（Damascone alpha）

茉莉原精、伊蘭、白玉蘭葉、芳樟、花梨木、清茶複方、凡爾賽麝香複方

蘇和香、安息香

紅檀雪松、維吉尼亞雪松、岩蘭草、廣藿香、中國雪松

岩玫瑰原精、麥芽酚（Maltol）、乙基麥芽酚（Ethyl maltol）

大西洋雪松、癒創木、紳士岩蘭複方、MIAROMA白檀木

檸檬、佛手柑、葡萄柚、甜橙、蒸餾萊姆、山雞椒、香茅、青檸萊姆複方

冷杉、絲柏、杜松、檜木、乳香

胡椒薄荷、綠薄荷、冰片（龍腦）

甜茴香

薑

真正薰衣草、醒目薰衣草、迷迭香、茶樹、澳洲尤加利、MIAROMA草本複方

香氛概念輪

示範配方 1

甜橙花可柔和松脂與山雞椒或檸檬香茅的強烈氣味，再搭配上薑精油增加氣味的變化性。整體為清新、辛香提振的氣味。

新鮮薑精油	2g
甜橙花	1g
松脂	5g
山雞椒（或檸檬香茅）	2g

示範配方 2

清涼的薄荷，配上帶有森林氣息的松脂及大西洋雪松，我將它命名為「微風森林」，適合手邊香氛原料不多的皂友參考。即使只有四支原料，皂體氣味表現仍佳。

綠薄荷	1g
胡椒薄荷	4g
松脂	4g
大西洋雪松	1g

示範配方 3

將配方1加以延伸變化，可提升皂的泡沫與肌膚氣味表現性。

示範配方 1	17g
MIAROMA 草本複方	3g

香氛
概念輪
C

檜木

英文名稱 Hinoki

拉丁學名 *Chamaecyparis taiwanensis*

表面氣味

2

●●○○○○○○

泡沫氣味

2.5

●●◐○○○○○

肌膚氣味

1

●○○○○○○○

台灣檜木的木質堅韌、香氣獨特，可謂為台灣國寶，但也因此被濫伐而瀕臨絕種。

我們不鼓勵香友們購買檜木的製品，包括精油。它的香氣並非無可替代，且入皂的氣味除了失去檜木特有的穿透性外，香氣及各方面表現都不好。我們可以透過其他精油調製成複方的方式來替代，除了替代其氣味外，此配方的皂體氣味表現更佳。詳見 p.166「檜木林之歌」。

搭配建議

檜木精油常見與區塊 C、D、G 中的精油互相搭配，但這樣的搭配方式會加重這三區塊精油予人的藥味印象。建議可以將檜木精油以 p.166「檜木林之歌」替代使用，可以大幅改善成品氣味。

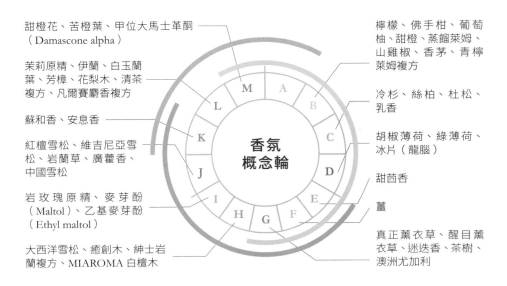

甜橙花、苦橙葉、甲位大馬士革酮（Damascone alpha）

茉莉原精、伊蘭、白玉蘭葉、芳樟、花梨木、清茶複方、凡爾賽麝香複方

蘇和香、安息香

紅檀雪松、維吉尼亞雪松、岩蘭草、廣藿香、中國雪松

岩玫瑰原精、麥芽酚（Maltol）、乙基麥芽酚（Ethyl maltol）

大西洋雪松、癒創木、紳士岩蘭複方、MIAROMA 白檀木

香氛概念輪

檸檬、佛手柑、葡萄柚、甜橙、蒸餾萊姆、山雞椒、香茅、青檸萊姆複方

冷杉、絲柏、杜松、乳香

胡椒薄荷、綠薄荷、冰片（龍腦）

甜茴香

薑

真正薰衣草、醒目薰衣草、迷迭香、茶樹、澳洲尤加利

示範配方 1

檜木林之歌除了適合搭配區塊 C、D、G、H 的原料外，可以嘗試與區塊 L、M 花香原料搭配，尤其是白玉蘭葉、微量的伊蘭或微量的 MIAROMA 月光素馨。

1-1	檜木林之歌	6g
	白玉蘭葉	4g
1-2	檜木林之歌	6g
	白玉蘭葉	3g
	伊蘭	1g
1-3	檜木林之歌	9.5g
	MIAROMA 月光素馨	0.5g

示範配方 2

此香氛配方適合做草本皂（如左手香、草藥皂等等），使用檜木林之歌複方會比用單方檜木或是單方木質精油，在整體氣味上來得豐富而平衡。

檜木林之歌	6g
胡椒薄荷	3g
龍腦	1g

示範配方 3

此款配方為男性木質香氛皂，還能改善皂的泡沫與肌膚氣味表現。

檜木林之歌	6g
MIAROMA 白檀木	4g

香氣
概念輪
C

乳香

英文名稱 Frankincense
拉丁學名 *Boswellia Carterii*

表面氣味

3

●●●○○○○○

泡沫氣味

3.5

●●●◐○○○○

肌膚氣味

1.5

●◐○○○○○○

多數香友購買乳香大多是因為兩個原因：一為具定香效果，另一為可搭配出芬多精氣味。而好品質的乳香精油入皂後皂體氣味表現性佳，也很推薦給皂友們。

手工皂調香的重點並非是定香，定香僅是輔助，整體配方氣味強度不夠，即使加入再多的定香精油，晾皂後的成品依然是不具識別度甚至只剩微弱的香氣。況且並沒有所謂的萬用定香精油，而是應該視整體配方氣味的協調，再來考慮要添加何種具備定香功能的精油。因此加入乳香的配方，應思考的是乳香在其中扮演的是協調氣味還是增強面向的角色，而非僅僅視為定香。

搭配建議

乳香精油可以用來柔和松脂與萊姆過於尖銳突兀的氣味，將乳香與松脂，或乳香與萊姆以 1：1 調和後，再加入香氛概念輪 C、D、G 類常用的精油，能夠配出輕揚振奮的芬多精氣味。

以下建議的原料皆可以加入較高的劑量，來與乳香搭配。其他沒有提到的原料也可以與乳香搭配，但不建議加入太高的劑量，需酌量添加。

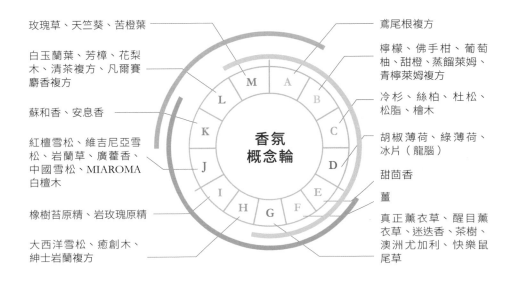

玫瑰草、天竺葵、苦橙葉

白玉蘭葉、芳樟、花梨木、清茶複方、凡爾賽麝香複方

蘇和香、安息香

紅檀雪松、維吉尼亞雪松、岩蘭草、廣藿香、中國雪松、MIAROMA 白檀木

橡樹苔原精、岩玫瑰原精

大西洋雪松、癒創木、紳士岩蘭複方

鳶尾根複方

檸檬、佛手柑、葡萄柚、甜橙、蒸餾萊姆、青檸萊姆複方

冷杉、絲柏、杜松、松脂、檜木

胡椒薄荷、綠薄荷、冰片（龍腦）

甜茴香

薑

真正薰衣草、醒目薰衣草、迷迭香、茶樹、澳洲尤加利、快樂鼠尾草

示範配方 1

用兩種精油所調配出的基礎配方。

乳香	4g
大西洋雪松	6g

示範配方 2

加強配方 1 的氣味，使皂體氣味表現更加清新。

松脂或蒸餾萊姆	3g
乳香	4g
大西洋雪松	3g

示範配方 3

中性香水調的配方，能改善皂的泡沫與肌膚氣味表現。

乳香	6g
鳶尾根複方	3g
凡爾賽麝香複方	0.5g
岩玫瑰原精或精油	0.5g

胡椒薄荷

英文名稱 Peppermint
拉丁學名 *Mentha Xpiperita*

表面氣味
4
●●●●○○○○

泡沫氣味
4
●●●●○○○○

肌膚氣味
1.5
●◑○○○○○○

手工皂調香首先要注重的是「入皂後的氣味強度」，而非其音階或快中慢板分類（可參考 p.33 香氛概念輪的調香步驟教學）。像是胡椒薄荷是屬於高音或快板精油，實際入皂後發現，晾皂半年後皂體表面仍帶有薄荷香氣，香味持久。

如果喜歡具涼感的手工皂，除了添加高比例薄荷精油外，還可以加入一些薄荷腦與澳洲尤加利，提升整體涼度，但這樣的配方會帶來草本藥皂的感覺，要協調薄荷藥味，光加入冷杉、杜松漿果或乳香效果是不夠的，建議可以加入一些摩洛哥洋甘菊（Ormensis multicauli）、鼠尾草（Salvia Officinalis），注意鼠尾草（Sage）並非快樂鼠尾草，兩者也無法相互替代使用。

搭配建議

以下建議的原料皆可以加入較高的劑量，來與胡椒薄荷搭配。其他沒有提到的原料建議調和為複方後，酌量修飾使用。

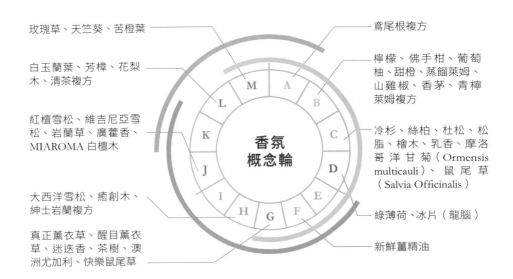

玫瑰草、天竺葵、苦橙葉 —

白玉蘭葉、芳樟、花梨木、清茶複方

紅檀雪松、維吉尼亞雪松、岩蘭草、廣藿香、MIAROMA 白檀木

大西洋雪松、癒創木、紳士岩蘭複方

真正薰衣草、醒目薰衣草、迷迭香、茶樹、澳洲尤加利、快樂鼠尾草

— 鳶尾根複方

— 檸檬、佛手柑、葡萄柚、甜橙、蒸餾萊姆、山雞椒、香茅、青檸萊姆複方

— 冷杉、絲柏、杜松、松脂、檜木、乳香、摩洛哥洋甘菊（Ormensis multicauli）、鼠尾草（Salvia Officinalis）

— 綠薄荷、冰片（龍腦）

— 新鮮薑精油

香氛概念輪

M A L B K C J D I E H G F

示範配方 1

運用皂友常使用的幾款精油，搭配出舒服的草本香氣。

胡椒薄荷	3g
廣藿香	1g
迷迭香	3g
醒目薰衣草	3g

示範配方 2

配方 1 的延伸變化。加入鼠尾草，與適量修飾的橡樹苔與零凌香豆素（粉末狀、無法以 ml 數或滴數計算），可以將原本的草本氣味轉變為適合入皂的香水配方。

示範配方 1	5.5g
零凌香豆素	0.5g
鼠尾草	3g
橡樹苔原精	1g

示範配方 3

配方 2 的延伸變化。加入了凡爾賽麝香複方，除了皂體表面的氣味擴散力會更好以外，也能讓沐浴後香氣更能停留在肌膚上。

示範配方 2	9g
凡爾賽麝香複方	1g

綠薄荷

英文名稱 Spearmint
拉丁學名 *Mentha spicata*

表面氣味

8

●●●●●●●●○○

泡沫氣味

6

●●●●●●○○○○

肌膚氣味

6.5

●●●●●●◐○○○

大家很熟悉的青箭口香糖，就是綠薄荷的氣味。在香水中的用法，綠薄荷通常是微量使用，讓氣味前調帶來植物的綠意清新；在手工皂調香中，低劑量可以調整像是羅勒、薑、香茅、山雞椒的氣味，而高劑量綠薄荷的氣味強度與皂體表面表現都非常好，是皂友必備的調香原料。

搭配建議

以下建議的原料皆可以加入較高的劑量，來與綠薄荷搭配。其他沒有提到的原料也可以與綠薄荷搭配，但不建議加入太高的劑量，需酌量添加。

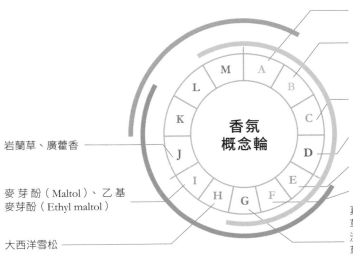

白松香、鳶尾根複方

檸檬、佛手柑、葡萄柚、甜橙、蒸餾萊姆、山雞椒、香茅、青檸萊姆複方

冷杉、絲柏、杜松、松脂、檜木、乳香

胡椒薄荷、冰片（龍腦）

甜茴香

新鮮薑、老薑

真正薰衣草、醒目薰衣草、迷迭香、茶樹、澳洲尤加利、MIAROMA 草本複方

岩蘭草、廣藿香

麥芽酚（Maltol）、乙基麥芽酚（Ethyl maltol）

大西洋雪松

示範配方 1

選擇皂體氣味強度分數差不多的萊姆與綠薄荷（同色環）搭配，使綠薄荷的氣味不會過於突兀，成皂聞起來也才不會很像薄荷口香糖。加入適量乙基麥芽酚，讓氣味更加活潑。

綠薄荷	4.5g
蒸餾萊姆	5g
乙基麥芽酚	0.5g

示範配方 2

配方 1 是以綠色環為主，調配出清新、提振的氣味，配方 2 同樣選擇皂體氣味強度分數差不多的原料，但以咖啡色環原料為主，調配出沉穩氣味中透發著清新薄荷味的香氣。

綠薄荷	5g
岩蘭草	3.5g
老薑 / 乾燥薑精油	1g
乙基麥芽酚	0.5g

示範配方 3

參考市售男性香水，調整為適合入皂、適合夏天的清涼配方。皂體香氣、泡沫與肌膚表現性均佳，入皂比例約 2%，成皂香氣可以持續至少半年以上。

綠薄荷	4g
岩蘭草	2.5g
佛手柑	1g
熱帶羅勒	0.2g 或
沉香醇羅勒	0.5g
乙基麥芽酚	0.5g
零凌香豆素	0.5g
凡爾賽麝香複方	1g

冰片（龍腦）

英文名稱 Borneol

拉丁學名 *Dryobalanops aromatica Gaertn. f.*

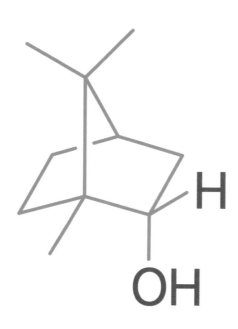

▲ 冰片分子圖

表面氣味

8

●●●●●●●●

泡沫氣味

7

●●●●●●●○

肌膚氣味

7

●●●●●●●○

薄荷腦與冰片皆為單體的一種，兩種均可從天然來源或以天然原料經過合成而取得。比起薄荷腦，冰片的氣味更適合微量添加用於修飾芬多精氣味配方。強勁的氣味也讓它適合與氣味重、不好調和的精油搭配，例如薑、羅勒、甜茴香等等。

搭配建議

以下建議的原料皆可以加入較高的劑量，來與冰片（龍腦）搭配。其他沒有提到的原料也可以與冰片（龍腦）搭配，但不建議加入太高的劑量，需酌量添加。

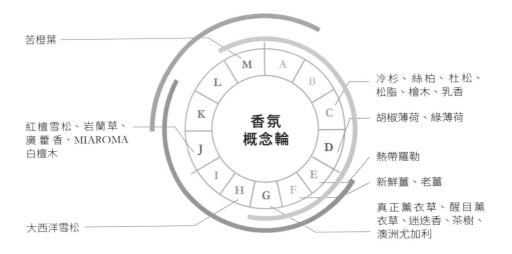

苦橙葉

紅檀雪松、岩蘭草、廣藿香、MIAROMA 白檀木

大西洋雪松

冷杉、絲柏、杜松、松脂、檜木、乳香

胡椒薄荷、綠薄荷

熱帶羅勒

新鮮薑、老薑

真正薰衣草、醒目薰衣草、迷迭香、茶樹、澳洲尤加利

香氛概念輪

示範配方 1

冰片如果只搭配分類 G 的原料，聞起來易有藥味感。建議以此配方為基礎，再加入分類 G 的原料，即可避免。

苦橙葉	5g
冰片（龍腦）	1g
廣藿香	3g
熱帶羅勒	0.5g 或
沉香醇羅勒	1g
零凌香豆素	0.5g

示範配方 2

利用冰片也能搭配清新森林、木質的氣味配方。

松脂	2g
檸檬	1g
冰片（龍腦）	1g
新鮮薑精油	1g
山雞椒	2g
檜木林之歌（見 p.166）	3g

示範配方 3

加入紳士岩蘭複方，可以加強成皂的泡沫與肌膚氣味表現。

醒目薰衣草	3g
澳洲尤加利	2g
苦橙葉	1g
紅檀雪松	3.5g
冰片（龍腦）	0.5g
紳士岩蘭複方	2g

熱帶羅勒

英文名稱 Basil Tropical
拉丁學名 *Ocimum basilicum*

表面氣味

8

●●●●●●●●○○

泡沫氣味

8

●●●●●●●●○○

肌膚氣味

7

●●●●●●●○○○

熱帶羅勒即是台灣常見的九層塔，濃郁的氣味來自於高比例的甲基醚蔞葉酚，雖然它的價格比甜羅勒（沉香醇羅勒 Basil ct.linalol Ocimum basilicum）便宜，但濃郁的氣味限制了它在調香中的搭配方式與比例。

建議手邊原料品項較少的初學者，可先入手甜羅勒（沉香醇羅勒），較容易與現有精油品項搭配。搭配比例上，建議熱帶羅勒在手工皂香氛配方中為 3% 以下，沉香醇羅勒 5%。不過初學者可使用 1%，先熟悉羅勒於配方中的效果，再慢慢增加比例使用（整體香氛 10g 來說，羅勒 1% 為 0.1g ＋其他精油 9.9g；羅勒 3% 為 0.3g ＋其他精油 9.7g，以此類推）。

搭配建議

以下建議的原料皆可以加入較高的劑量，來與熱帶羅勒、甜羅勒搭配。其他沒有提到的原料也可以與熱帶羅勒、甜羅勒搭配，但不建議加入太高的劑量，需酌量添加。

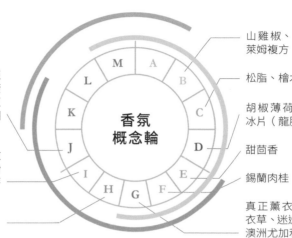

紅檀雪松、維吉尼亞雪松、岩蘭草、廣藿香、咖啡、零凌香豆素（Coumarin）、中國雪松

橡樹苔原精、岩玫瑰原精、麥芽酚（Maltol）、乙基麥芽酚（Ethyl maltol）

大西洋雪松、癒創木、紳士岩蘭複方

山雞椒、香茅、青檸萊姆複方

松脂、檜木

胡椒薄荷、綠薄荷、冰片（龍腦）

甜茴香

錫蘭肉桂

真正薰衣草、醒目薰衣草、迷迭香、茶樹、澳洲尤加利

示範配方 1

給初學者的示範配方。以甜羅勒調和出好聞的味道。

佛手柑	4g
甜羅勒（沉香醇羅勒）	0.5g
岩蘭草	1g
紅檀雪松	4g
零凌香豆素	0.5g

示範配方 2

給初學者的示範配方。以熱帶羅勒，調和出好聞的味道。

錫蘭肉桂	0.5g
熱帶羅勒	0.2g
甜橙花	3g
十倍甜橙	3g
松脂	3g
乙基麥芽酚	0.5g

示範配方 3

橡樹苔原精與乙基麥芽酚可修飾羅勒，擁有畫龍點睛的效果。可以此配方為基礎，再加入綠色環中分類 B、G 的原料。

熱帶羅勒	0.3g
岩蘭草	3g
苦橙葉	5g
乙基麥芽酚	0.5g
橡樹苔原精	1g

香氛
概念輪
E

甜茴香

英文名稱 Fennel Sweet
拉丁學名 *Foeniculum vulgare*

表面氣味

7

●●●●●●●○

泡沫氣味

7

●●●●●●●○

肌膚氣味

3.5

●●●◐○○○○

分類在香氛概念輪中的 E 原料：羅勒與甜茴香，對於初學者而言都是不容易駕馭的原料，建議先少量購買，熟悉它們的氣味後，會發現 E 類原料可以為你的配方氣味帶來更多變化。E 類原料在配方中不建議加入過高比例，初學者可以選擇氣味強度相近的精油進行調合，像是甜茴香皂體表面氣味評比為 7，可以選擇 6～8 的原料與之調和，最後再輔以其他評分較低但好聞的原料，來做修飾。

要注意的是如果將甜茴香與綠薄荷、薄荷、澳洲尤加利、迷迭香、茶樹等精油做搭配，整體氣味聞起來會像是消脹氣的油膏。建議可以嘗試將甜茴香與分類 L、M 中的花香原料做搭配，甜茴香建議控制在整體香氛配方的 0.5%～1% 以內（香氛整體配方 10g = 0.5% 茴香為 0.05g ＋其他精油 9.95g）。

搭配建議

以下建議的原料皆可與甜茴香（初學者請控制在整體配方比例的 0.5% ～ 1% 內）做搭配。建議使用精密秤測量，如果手邊沒有精密秤時，可採約略計算：其他精油 10g ＋甜茴香 2 ～ 3 滴。

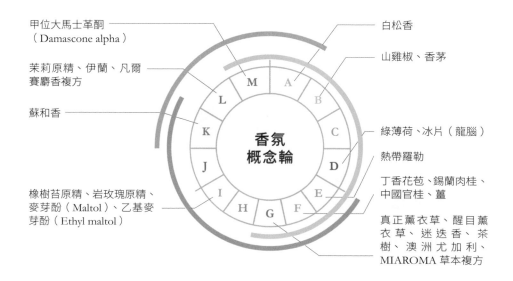

甲位大馬士革酮（Damascone alpha）

茉莉原精、伊蘭、凡爾賽麝香複方

蘇和香

橡樹苔原精、岩玫瑰原精、麥芽酚（Maltol）、乙基麥芽酚（Ethyl maltol）

香氛概念輪

M A B C D E F G H I J K L

白松香

山雞椒、香茅

綠薄荷、冰片（龍腦）

熱帶羅勒

丁香花苞、錫蘭肉桂、中國官桂、薑

真正薰衣草、醒目薰衣草、迷迭香、茶樹、澳洲尤加利、MIAROMA 草本複方

示範配方 1

此配方可藉由甜茴香讓花香變化更為豐富。可選擇大西洋雪松或鼠尾草（Sage）作為修飾原料。

甜茴香	0.1g（約 5 滴）
伊蘭	5g
甲位大馬士革	10 滴（約 0.2g）
醒目薰衣草 或	5g
真正薰衣草	5g
大西洋雪松 或	2g
鼠尾草（Sage）	0.5g

示範配方 2

此配方可增加玫瑰香氣的變化，加強皂體的泡沫與肌膚表現性。

甜茴香	10 滴（約 0.2g）
土耳其玫瑰（請見 p.163）	4g
伊蘭	3.5g
凡爾賽麝香複方	2g
零凌香豆素	0.5g

示範配方 3

參考市售男性香水，調整為適合男性氣質的入皂配方。

甜茴香	10 滴（約 0.2g）
橡樹苔原精	1g
醒目薰衣草	4.5g
甜橙花	2g
零凌香豆素	0.5g
天使麝香複方	2g

丁香花苞

英文名稱 Clove Bud
拉丁學名 *Eugenia caryophyllata*

表面氣味

8

●●●●●●●●○○

泡沫氣味

8

●●●●●●●●○○

肌膚氣味

8

●●●●●●●●○○

分類在 F 區塊的原料，除非使用者或是消費者本身非常喜歡它的氣味，否則不建議單獨入皂使用，初學者可以先調和成複方修飾其本身氣味。建議先與下列原料調和為複方後，再按照自己喜歡的氣味或是主題來搭配，降低失敗率。

丁香花苞：甲位大馬士革酮＝ 2：8
錫蘭肉桂：甜橙花＝ 1：9
中國官桂：凡爾賽麝香複方＝ 0.5：9.5
中國官桂：MIAROMA 清新精萃 2：8
乾燥薑：岩玫瑰原精＝ 0.5：9.5
新鮮薑：山雞椒＝ 1：9

搭配建議

丁香花苞入皂後，藥味會隨著晾皂時間而減輕，香氣會變得越來越甜。初學者建議比例為整體香味配方的 0.5%（整體香味的 0.5% ＝其他精油 9.95g+ 丁香花苞 0.05g），可以與玫瑰香型做搭配或適量加入前面男性香水調（丁香花苞用量為整體香味的 0.5% ～ 1%）的示範配方。

以下建議的原料在氣味與皂體氣味表現上，皆適合與丁香花苞搭配。其他沒有提到的原料，視配方整體氣味選用與決定劑量。

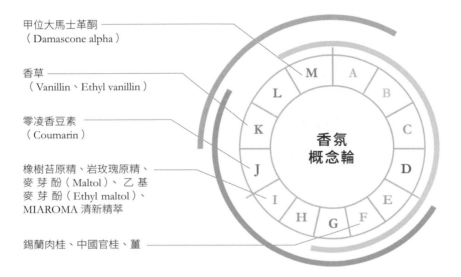

甲位大馬士革酮
（Damascone alpha）

香草
（Vanillin、Ethyl vanillin）

零凌香豆素
（Coumarin）

橡樹苔原精、岩玫瑰原精、麥芽酚（Maltol）、乙基麥芽酚（Ethyl maltol）、MIAROMA 清新精萃

錫蘭肉桂、中國官桂、薑

示範配方 1

以乙基香草醛調和丁香花苞氣味後，加入一些清新的柑橘花香元素，再用凡爾賽麝香複方讓整體氣味擴散力與表現更好。

檸檬	4g
迷迭香	3g
甜橙花	2g
丁香花苞	0.1g（約 5 滴）
乙基香草醛	0.2g
凡爾賽麝香複方	1g

示範配方 2

以甲位大馬士革酮矯正丁香花苞氣味，再加入鳶尾根複方與凡爾賽麝香複方，整體氣味優雅而宜人。

丁香花苞	10 滴
甲位大馬士革酮	0.5g
鳶尾根複方	6g
凡爾賽麝香複方	3g

示範配方 3

此為示範配方 1 的變化，加入橡樹苔原精與零凌香豆素後，整體氣味會由清新中性香氛轉為適合男性用的沉穩香氛。

示範配方 1	8.5g
橡樹苔原精	1g
零凌香豆素	0.5g

錫蘭肉桂

英文名稱 Ceylon Cinnamon
拉丁學名 *Cinnamomum verum*

表面氣味

8

● ● ● ● ● ● ● ●

泡沫氣味

8

● ● ● ● ● ● ● ●

肌膚氣味

8

● ● ● ● ● ● ● ●

錫蘭肉桂的香氣是許多初學者覺得難以駕馭的原料，可以先將甜橙花 9：錫
蘭肉桂 1 的比例，調和後再加入其他柑橘類油精油，較容易調香。與香草醛
（Vanillin）或乙基香草醛（Ethyl vanillin）調和後，再與分類 I、J 原料搭配，
就能增加木質香調的變化性。

初學者使用錫蘭肉桂調香，建議使用比例為整體香氛配方的 1% 以內（舉例
來說：整體香氛配方 10g 時，其他精油 9.9g + 錫蘭肉桂 0.1g）。

搭配建議

以下建議的原料皆可以加入較高的劑量，來與錫蘭肉桂搭配。其他沒有提到的原料也可以與錫蘭肉桂搭配，但不建議加入太高的劑量，需酌量添加。

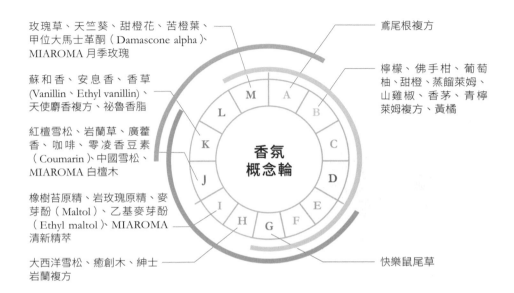

玫瑰草、天竺葵、甜橙花、苦橙葉、甲位大馬士革酮（Damascone alpha）、MIAROMA 月季玫瑰

蘇和香、安息香、香草(Vanillin、Ethyl vanillin)、天使麝香複方、祕魯香脂

紅檀雪松、岩蘭草、廣藿香、咖啡、零凌香豆素（Coumarin）、中國雪松、MIAROMA 白檀木

橡樹苔原精、岩玫瑰原精、麥芽酚（Maltol）、乙基麥芽酚（Ethyl maltol）、MIAROMA 清新精萃

大西洋雪松、癒創木、紳士岩蘭複方

鳶尾根複方

檸檬、佛手柑、葡萄柚、甜橙、蒸餾萊姆、山雞椒、香茅、青檸萊姆複方、黃橘

快樂鼠尾草

香氛概念輪

示範配方 1

此配方帶有節慶糖果的氣味，以此配方為基礎可再加入其他木質原料（分類 J）做變化。

十倍甜橙	3g
檸檬	1g
錫蘭肉桂	1g
芫荽種子	0.5g
甜橙花	1g
蒸餾萊姆	2g
乙基麥芽酚	0.5g
乙基香草醛	1.5g

示範配方 2

加入凡爾賽麝香複方，可以讓肉桂與木質原料的香氣更加協調。

錫蘭肉桂	0.5g
乙基麥芽酚	0.5g
中國雪松	5g
岩蘭草	2g
凡爾賽麝香複方	2g

示範配方 3

示範配方 2 的變化，在木質辛香的基礎上加入一點花果香做變化。

示範配方 2	10g
甲位大馬士革酮	15 滴

中國官桂

英文名稱 Cassia Bark
拉丁學名 *Cinnamomum cassia*

表面氣味

8

●●●●●●●●○○

泡沫氣味

8

●●●●●●●●○○

肌膚氣味

7

●●●●●●●○○

對初學者而言，中國官桂的氣味比錫蘭肉桂更難駕馭，主要是因為官桂多了苦杏仁的藥味。建議初學者搭配上可以使用 MIAROMA 清新精萃 9：中國官桂 1 的比例（或 8：2），中和中國官桂帶有輕微消毒水藥味的印象，此配方適合再繼續往下加入分類 B、H、I、J、K 的原料調和。

搭配建議

以下建議的原料皆可以加入較高的劑量，來與中國官桂搭配。其他沒有提到的原料也可以與中國官桂搭配，但不建議加入太高的劑量，需酌量添加。

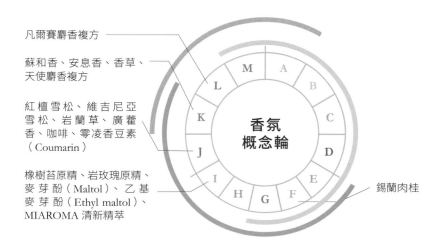

凡爾賽麝香複方

蘇和香、安息香、香草、天使麝香複方

紅檀雪松、維吉尼亞雪松、岩蘭草、廣藿香、咖啡、零凌香豆素（Coumarin）

橡樹苔原精、岩玫瑰原精、麥芽酚（Maltol）、乙基麥芽酚（Ethyl maltol）、MIAROMA 清新精萃

香氛概念輪

錫蘭肉桂

示範配方 1

挑選同一色環（咖啡色）中的原料，找出皂體氣味表現分數差不多的原料（零凌香豆素）做搭配，輔以凡爾賽麝香讓氣味更柔和協調。

中國官桂	0.5g
凡爾賽麝香複方	9g
零凌香豆素	0.5g

示範配方 2

在配方 1 的基礎上加入花果香做變化。

示範配方 1	9g
甲位大馬士革酮	1g

示範配方 3

在配方 2 的基礎上加入深沉的木質香氣。

示範配方 2	3g
紅檀雪松	4g
大西洋雪松	3g

薑

英文名稱 Ginger
拉丁學名 *Zingiber officinalis*

薑精油的萃取部位為根部，以新鮮的薑根部或是乾燥後的薑根部為來源，萃取得的精油氣味與調香用途迥異。新鮮的薑精油氣味帶有柑橘的清新；乾燥根部的薑精油氣味則是厚實中帶有一點木質與辛香氣味。初學者建議購買新鮮薑（fresh ginger）精油，調香難度較低，也可以參考香氛概念輪分類 B 的配方。

表面氣味

2.5

●●◑○○○○○

泡沫氣味

2.5

●●◑○○○○○

肌膚氣味

1

●○○○○○○○

搭配建議──新鮮薑

以下建議的原料皆可以加入較高的劑量，來與新鮮薑精油搭配。其他沒有提到的原料也可以與新鮮薑精油搭配，但不建議加入太高的劑量，需酌量添加。

玫瑰草、天竺葵、甜橙花、苦橙葉

茉莉原精、伊蘭、白玉蘭葉、芳樟、花梨木、清茶複方

蘇和香

紅檀雪松、維吉尼亞雪松、岩蘭草、廣藿香、咖啡

岩玫瑰原精

大西洋雪松、癒創木、紳士岩蘭複方

鳶尾根複方

檸檬、佛手柑、葡萄柚、甜橙、蒸餾萊姆、山雞椒、香茅、青檸萊姆複方

冷杉、絲柏、杜松、松脂、檜木、乳香

胡椒薄荷、綠薄荷、冰片（龍腦）

迷迭香、茶樹、澳洲尤加利、MIAROMA 草本複方

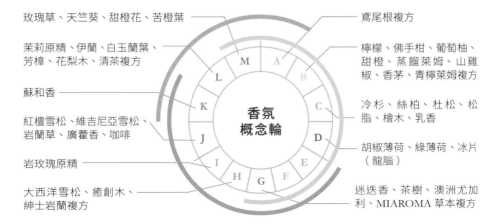

香氛概念輪

M A B C D E F G H I J K L

搭配建議——乾燥薑（老薑）

以下建議的原料皆可以加入較高的劑量，來與乾燥薑精油搭配。其他沒有提到的原料建議調和為複方後，酌量修飾使用。初學者使用乾燥薑精油時，建議比例為整體香味配方的 5% 以下，或是利用岩玫瑰原精或精油，協調其氣味，也可以使用紳士岩蘭替代岩玫瑰，氣味上會有不同的效果。

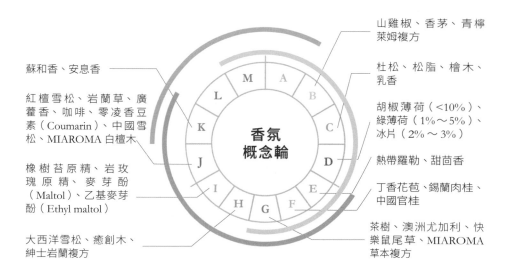

蘇和香、安息香

紅檀雪松、岩蘭草、廣藿香、咖啡、零凌香豆素（Coumarin）、中國雪松、MIAROMA 白檀木

橡樹苔原精、岩玫瑰原精、麥芽酚（Maltol）、乙基麥芽酚（Ethyl maltol）

大西洋雪松、癒創木、紳士岩蘭複方

山雞椒、香茅、青檸萊姆複方

杜松、松脂、檜木、乳香

胡椒薄荷（<10%）、綠薄荷（1%～5%）、冰片（2%～3%）

熱帶羅勒、甜茴香

丁香花苞、錫蘭肉桂、中國官桂

茶樹、澳洲尤加利、快樂鼠尾草、MIAROMA 草本複方

香氛概念輪

示範配方 1

加入乾燥薑精油，能為岩玫瑰與紅檀雪松的木質氣息，帶來更為古樸、特殊的氣味。

乾燥薑精油	0.5g
岩玫瑰原精	6g
紅檀雪松	3.5g

示範配方 2

乾淨而溫暖的麝香木質香氣，搭配牧草的清甜。乾燥薑古樸帶著辛香的特質，讓整體氣味的層次感更明顯。

乾燥薑精油	0.2g
零凌香豆素	0.5g
快樂鼠尾草	5g
大西洋雪松	1g
天使麝香複方	3g

示範配方 3

以紳士岩蘭代替岩玫瑰，並加入杜松漿果，讓整體氣味有如雨後森林般清新。

杜松漿果	3g
岩蘭草	2g
乾燥薑	0.5g
安息香	3g
紳士岩蘭	2g

真正薰衣草

英文名稱 Lavender
拉丁學名 *Lanvandula angustifolia*

表面氣味

3

●●●○○○○○

泡沫氣味

3

●●●○○○○○

肌膚氣味

2

●●○○○○○○

高海拔度薰衣草或是保加利亞薰衣草的酯類含量高，在價格上比真正薰衣草或醒目薰衣草昂貴，氣味上帶有新鮮龍眼的香氣與金屬感，這樣的氣味特色在香水中能夠顯現，但在手工皂中卻完全無法。入皂約 6 個月後，酯類含量越高的薰衣草氣味會越微弱，建議入皂選擇真正薰衣草或是醒目薰衣草即可。

搭配建議

以下建議的原料皆可以加入較高的劑量，來與真正薰衣草搭配。其他沒有提到的原料也可以與真正薰衣草搭配，但不建議加入太高的劑量，需酌量添加。

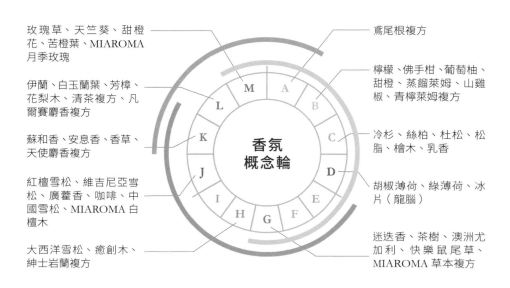

玫瑰草、天竺葵、甜橙花、苦橙葉、MIAROMA 月季玫瑰

伊蘭、白玉蘭葉、芳樟、花梨木、清茶複方、凡爾賽麝香複方

蘇和香、安息香、香草、天使麝香複方

紅檀雪松、維吉尼亞雪松、廣藿香、咖啡、中國雪松、MIAROMA 白檀木

大西洋雪松、癒創木、紳士岩蘭複方

鳶尾根複方

檸檬、佛手柑、葡萄柚、甜橙、蒸餾萊姆、山雞椒、青檸萊姆複方

冷杉、絲柏、杜松、松脂、檜木、乳香

胡椒薄荷、綠薄荷、冰片（龍腦）

迷迭香、茶樹、澳洲尤加利、快樂鼠尾草、MIAROMA 草本複方

香氛概念輪

M　A　B　C　D　E　F　G　H　I　J　K　L

示範配方 1

一般真正薰衣草搭配木質精油，最常見的問題就是在香氣上不具變化與辨識性，此配方跳脫出框架，帶點煙燻感的木質氣味與薰衣草的甜味，兩者協調互相加分。

真正薰衣草	5g
癒創木	4g
中國雪松	1g
零凌香豆素	0.2g

示範配方 2

另一個跳出以往框架的薰衣草配方，搭配上木質精油做出變化。

真正薰衣草	4g
快樂鼠尾草	3g
伊蘭	1g
大西洋雪松	2g

示範配方 3

配方 2 的延伸變化。加入紳士岩蘭複方，可加強木質香氣，並為成皂帶來更好的泡沫與肌膚的氣味表現。

示範配方 2	7g
紳士岩蘭複方	3g

醒目薰衣草

英文名稱 Lavandin
拉丁學名 *Lavandula intermedia*

醒目薰衣草入皂的氣味表現較真正薰衣草佳，與澳洲尤加利、迷迭香並列為最常入皂使用的四種精油之一，醒目薰衣草入皂最常見的兩個問題：一、其氣味較涼，沒有薰衣草的甜味；二、調配為複方後，晾皂後可觀察到即使是配方不同，但散發出的氣味卻極為相似。

醒目薰衣草、真正薰衣草、澳洲尤加利、迷迭香為眾多皂友們最常使用的四種精油，常見搭配不外乎：真正薰衣草（或醒目薰衣草）＋澳洲尤加利或是真正薰衣草（或醒目薰衣草）＋迷迭香，不論是哪一個配方，常帶給人的氣味印象就是較為溫和、或是較涼草本感，總而言之，就是聞得出配方裡有薰衣草的味道，可是卻沒有特色，即使精油配方不同，聞起來卻很類似。

因此在使用這四種精油調香時，建議將配方的氣味主題區分明顯，以避免調出讓人覺得氣味類似的皂。

表面氣味

4

●●●●○○○○

泡沫氣味

4

●●●●○○○○

肌膚氣味

2

●●○○○○○○

搭配建議

以下建議的原料皆可以加入較高的劑量，來與醒目薰衣草搭配。其他沒有提到的原料也可以與醒目薰衣草搭配，但不建議加入太高的劑量，需酌量添加。

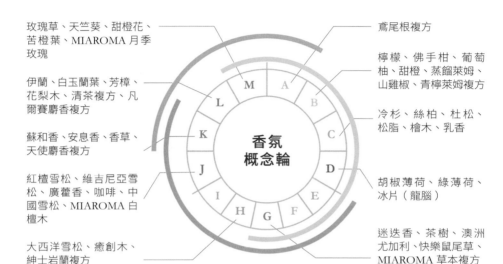

玫瑰草、天竺葵、甜橙花、苦橙葉、MIAROMA 月季玫瑰

伊蘭、白玉蘭葉、芳樟、花梨木、清茶複方、凡爾賽麝香複方

蘇和香、安息香、香草、天使麝香複方

紅檀雪松、維吉尼亞雪松、廣藿香、咖啡、中國雪松、MIAROMA 白檀木

大西洋雪松、癒創木、紳士岩蘭複方

鳶尾根複方

檸檬、佛手柑、葡萄柚、甜橙、蒸餾萊姆、山雞椒、青檸萊姆複方

冷杉、絲柏、杜松、松脂、檜木、乳香

胡椒薄荷、綠薄荷、冰片（龍腦）

迷迭香、茶樹、澳洲尤加利、快樂鼠尾草、MIAROMA 草本複方

香氛概念輪

示範配方 1

改善醒目薰衣草入皂後的涼感氣息並提升甜味感，此配方的皂體表面氣味、泡沫與肌膚氣味表現均佳。此配方中的零凌香豆素不可使用香草醛替代。

醒目薰衣草	7.5g
零凌香豆素	0.5g
凡爾賽麝香複方	2g

示範配方 2

配方 1 的延伸變化。加入鳶尾根複方，帶來類似市面中性香水調的入皂配方。

示範配方 1	8g
鳶尾根複方	2g

示範配方 3

加入適量的清茶複方，可以修飾澳洲尤加利與薰衣草的草本氣味，讓氣味更顯變化。

醒目薰衣草	5g
澳洲尤加利	1g
清茶複方	3g
中國雪松	1g

迷迭香

英文名稱 Rosemary
拉丁學名 *Rosmarinus officinalis*

表面氣味

3.5

●●●◐○○○○○

泡沫氣味

4

●●●●○○○○

肌膚氣味

2

●●○○○○○○

市面上常見的迷迭香精油有桉油醇迷迭香、樟腦迷迭香、馬鞭草酮迷迭香三個品種，入皂或是調配香水，都建議選擇樟腦迷迭香。

將迷迭香與薰衣草、尤加利、茶樹或分類 B、C 的原料搭配，是最普遍常見的方式，但這樣的搭配往往顯現不出樟腦迷迭香的氣味，可以試著搭配花香與木質家族，或是加入適量零凌香豆素，銜接協調兩者氣味。

搭配建議

以下建議的原料皆可以加入較高的劑量，來與迷迭香搭配。其他沒有提到的原料也可以與迷迭香搭配，但不建議加入太高的劑量，需酌量添加。

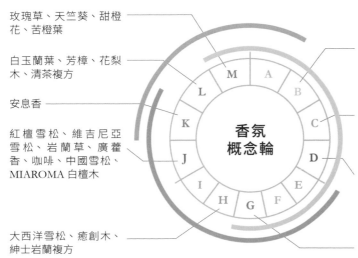

玫瑰草、天竺葵、甜橙花、苦橙葉

白玉蘭葉、芳樟、花梨木、清茶複方

安息香

紅檀雪松、維吉尼亞雪松、岩蘭草、廣藿香、咖啡、中國雪松、MIAROMA 白檀木

大西洋雪松、癒創木、紳士岩蘭複方

檸檬、佛手柑、葡萄柚、甜橙、蒸餾萊姆、山雞椒、香茅、青檸萊姆複方

冷杉、絲柏、杜松、松脂、檜木、乳香

胡椒薄荷、綠薄荷、冰片（龍腦）

真正薰衣草、醒目薰衣草、茶樹、澳洲尤加利、快樂鼠尾草、MIAROMA 草本複方

香氛概念輪

示範配方 1

快樂鼠尾草在此配方中扮演銜接花香、木質、草本的角色。

樟腦迷迭香	4g
快樂鼠尾草	3g
甜橙花	1g
大西洋雪松	2g

示範配方 2

迷迭香常常搭配分類 B 的柑橘類原料，但光是如此的配方聞起來不甚協調，各唱各的調，可以加入適量零凌香豆素，即能銜接與協調兩者氣味。

十倍甜橙	3g
檸檬	5g
迷迭香	2g
零凌香豆素	0.2g

示範配方 3

配方 2 的延伸款，加入木質（MIAROMA 白檀木、紳士岩蘭）或是麝香（天使麝香、凡爾賽麝香），再加入微量分類 E、F 的原料，為配方做變化。

示範配方 2	7g
紳士岩蘭	3g
丁香	0.1g
或是	
示範配方 2	8g
MIAROMA 白檀木	2g
錫蘭肉桂	0.05g

茶樹

英文名稱 Tea tree
拉丁學名 *Melaleuca alternifolia*

表面氣味

4

●●●●○○○○

泡沫氣味

3

●●●○○○○○

肌膚氣味

1

●○○○○○○○

茶樹入皂效果佳,但氣味上卻往往讓人有廉價、藥味的刻板印象。想要改善這點,除了可以與分類 C 的原料搭配外,也可加入低量的摩洛哥洋甘菊、苦艾,即能明顯扭轉茶樹的廉價印象。

搭配建議

以下建議的原料皆可以加入較高的劑量,來與茶樹搭配。其他沒有提到的原料也可以與茶樹搭配,但不建議加入太高的劑量,需酌量添加。

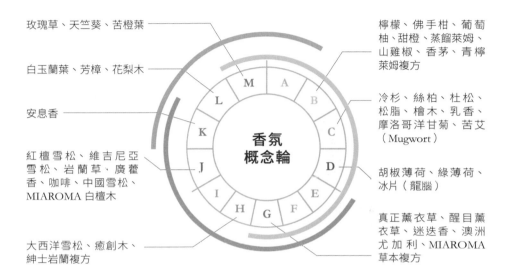

玫瑰草、天竺葵、苦橙葉

白玉蘭葉、芳樟、花梨木

安息香

紅檀雪松、維吉尼亞雪松、岩蘭草、廣藿香、咖啡、中國雪松、MIAROMA 白檀木

大西洋雪松、癒創木、紳士岩蘭複方

檸檬、佛手柑、葡萄柚、甜橙、蒸餾萊姆、山雞椒、香茅、青檸萊姆複方

冷杉、絲柏、杜松、松脂、檜木、乳香、摩洛哥洋甘菊、苦艾（Mugwort）

胡椒薄荷、綠薄荷、冰片（龍腦）

真正薰衣草、醒目薰衣草、迷迭香、澳洲尤加利、MIAROMA草本複方

香氛概念輪

L M A B C D E F G H I J K

示範配方 1

搭配摩洛哥洋甘菊或苦艾,就能扭轉茶樹的廉價藥味感。

摩洛哥洋甘菊（或苦艾）	3g
茶樹	7g

示範配方 2

以示範配方 1 為基礎,再加入其他元素做變化。

示範配方 1	5g
岩蘭草	1g
安息香	4g

示範配方 3

配方 2 的延伸變化,提升成皂泡沫、肌膚的氣味表現。

示範配方 2	7.5g
紳士岩蘭複方	2.5g

澳洲尤加利

英文名稱 Eucalyptus
拉丁學名 *eucalyptus radiata*

表面氣味

4

●●●●○○○○

泡沫氣味

3

●●●○○○○○

肌膚氣味

1

●○○○○○○○

澳洲尤加利與茶樹有同樣的問題，於皂體氣味表現好，但氣味給人廉價印象。要將澳洲尤加利搭配出具有辨識度的簡易配方，一樣可以用低劑量的摩洛哥洋甘菊、苦艾來做修飾調整。

建議盡量避免將澳洲尤加利單獨搭配茶樹、迷迭香，在變化上，前者的搭配再加入丁香、冰片、肉桂、胡椒薄荷、綠薄荷等原料，會加重澳洲尤加利或茶樹的藥味，除非是特別喜歡，或是符合皂本身的主題，否則建議盡量避免。

搭配建議

以下建議的原料皆可以加入較高的劑量，來與澳洲尤加利搭配。其他沒有提到的原料也可以與澳洲尤加利搭配，但不建議加入太高的劑量，需酌量添加。

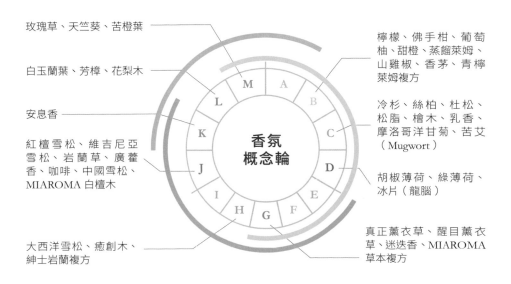

玫瑰草、天竺葵、苦橙葉

白玉蘭葉、芳樟、花梨木

安息香

紅檜雪松、維吉尼亞雪松、岩蘭草、廣藿香、咖啡、中國雪松、MIAROMA 白檀木

大西洋雪松、癒創木、紳士岩蘭複方

檸檬、佛手柑、葡萄柚、甜橙、蒸餾萊姆、山雞椒、香茅、青檸萊姆複方

冷杉、絲柏、杜松、松脂、檜木、乳香、摩洛哥洋甘菊、苦艾（Mugwort）

胡椒薄荷、綠薄荷、冰片（龍腦）

真正薰衣草、醒目薰衣草、迷迭香、MIAROMA 草本複方

香氛概念輪

示範配方 1

以苦艾協調澳洲尤加利的廉價印象，搭配微量的香茅與甜茴香帶來氣味的變化。

苦艾	2g
香茅	0.4g
甜茴香	0.1g（約5滴）
澳洲尤加利	7.5g

示範配方 2

帶有熱帶柑橘氣味的青檸萊姆複方，除了可協調澳洲尤加利廉價的印象外，也能讓整體的涼感聞起來是具提振清爽的柑橘氣味。

杜松漿果	2g
青檸萊姆複方	4g
澳洲尤加利	3g
玫瑰草	1g

示範配方 3

配方 1 的延伸變化，加入紳士岩蘭與天使麝香後，讓整體呈現中性香水的香氛感。此配方皂體表面、泡沫、肌膚氣味表現均佳。

示範配方 1	6g
紳士岩蘭複方	3g
天使麝香複方	1g

香氛
概念輪
G

快樂鼠尾草

英文名稱 Clary Sage
拉丁學名 *Salvia sclarea*

表面氣味
3.5
●●●◐○○○○

泡沫氣味
3
●●●○○○○○

肌膚氣味
2
●●○○○○○○

快樂鼠尾草在手工皂中的氣味表現佳，香氣宜人，也常用來修飾氣味較衝的
精油。好品質的快樂鼠尾草價格較高，為了避免浪費，建議搭配成能夠突顯
其特色的複方香氛，像是與清茶複方、紳士岩蘭複方的搭配，都能相得益彰。

搭配建議

以下建議的原料皆可以加入較高的劑量，來與快樂鼠尾草搭配。其他沒有提到的原料也可以與快樂鼠尾草搭配，但不建議加入太高的劑量，需酌量添加。

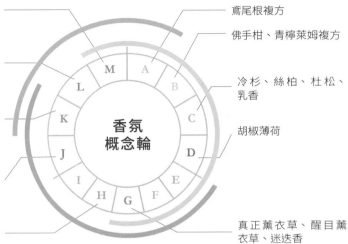

玫瑰草、天竺葵、甜橙花、苦橙葉

茉莉原精、伊蘭、白玉蘭葉、芳樟、花梨木、清茶複方、凡爾賽麝香複方

蘇和香、安息香、天使麝香複方

紅檀雪松、維吉尼亞雪松、岩蘭草、廣藿香、咖啡、中國雪松、MIAROMA 白檀木

大西洋雪松、癒創木、紳士岩蘭複方

鳶尾根複方

佛手柑、青檸萊姆複方

冷杉、絲柏、杜松、乳香

胡椒薄荷

真正薰衣草、醒目薰衣草、迷迭香

香氛概念輪

示範配方 1

快樂鼠尾草＋柑橘＋木質是常見的搭配方式，在變化上，建議嘗試不同的木質原料（參考分類 H、J），可以避免手工皂聞起來千篇一律。

快樂鼠尾草	5g
佛手柑	2g
癒創木	3g

示範配方 2

此配方可凸顯快樂鼠尾草氣味特色，而且於手工皂表面氣味、泡沫與肌膚氣味表現上均佳。

快樂鼠尾草	8g
紳士岩蘭複方	1.8g
零凌香豆素	0.2g

示範配方 3

以示範配方 2 為基礎，適合加入分類 L、M 的原料，以增加變化性。但如果單獨以快樂鼠尾草搭配 L、M 原料，其特色容易被掩蓋。

示範配方 2	8g
伊蘭	2g

<table>
<tr><td>香氛
概念輪
H</td><td># 大西洋雪松

英文名稱 Cedarwood Atlas
拉丁學名 *Cedrus atlantica*</td></tr>
</table>

表面氣味

7

●●●●●●○

泡沫氣味

7.5

●●●●●●●◐

肌膚氣味

5.5

●●●●◐○○

大西洋雪松與喜馬拉雅雪松入皂後的氣味與表現性差異不大,建議選擇一種購買即可。

所有定香的木質香氣中,大西洋雪松是入皂必備推薦,它可以修飾分類 C、G 的草本香氣,還能夠增添分類 L、M 中花香香氣的變化。大西洋雪松可單獨入皂,用量約 2%(【油量+水量】× 2%),在氣味的變化上,可以試試加入天使麝香複方或凡爾賽麝香複方,再搭配其他原料,能讓氣味更加協調、表現更好。

搭配建議

以下建議的原料皆可以加入較高的劑量，來與大西洋雪松搭配。其他沒有提到的原料也可以與大西洋雪松搭配，但不建議加入太高的劑量，需酌量添加。

以此配方為基礎再搭配綠色與咖啡色環原料：大西洋雪松 8g ＋天使麝香複方 2g。

以此配方為基礎再搭配粉紅色環原料：大西洋雪松 9g ＋凡爾賽麝香複方 1g。

玫瑰草、天竺葵、甜橙花、苦橙葉、MIAROMA 月季玫瑰

伊蘭、白玉蘭葉、芳樟、花梨木、清茶複方、凡爾賽麝香複方、MIAROMA 月光素馨

穌和香、安息香、天使麝香複方

紅檀雪松、維吉尼亞雪松、岩蘭草、廣藿香、咖啡、中國雪松、MIAROMA 白檀木

岩玫瑰原精、麥芽酚（Maltol）、乙基麥芽酚（Ethyl maltol）

癒創木、紳士岩蘭複方

鳶尾根複方

檸檬、佛手柑、葡萄柚、甜橙、蒸餾萊姆、青檸萊姆複方

冷杉、絲柏、杜松、松脂、檜木、乳香

胡椒薄荷

真正薰衣草、醒目薰衣草、迷迭香、茶樹、澳洲尤加利、快樂鼠尾草

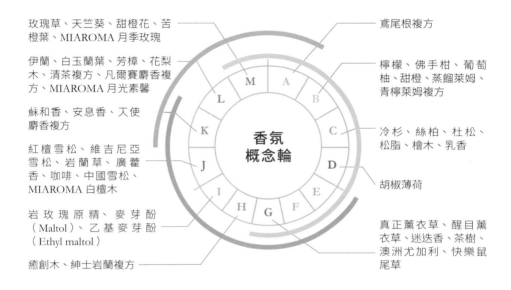

香氛概念輪

示範配方 1

紳士岩蘭複方能協調其他兩者的氣味，整體香氣會偏木質香水香氛。

大西洋雪松	6g
乙基麥芽酚	0.1g
紳士岩蘭複方	4g

示範配方 2

示範大西洋雪松搭配花香，少量的月光素馨就能營造出白色花朵的香氣印象。

伊蘭	1g
MIAROMA 月光素馨	1g
大西洋雪松	8g

示範配方 3

示範大西洋雪松＋凡爾賽麝香後，再加入花香。玫瑰中帶著雪松與柔軟的麝香氣味。成皂的泡沫與肌膚氣味表現佳。

大西洋雪松	6g
凡爾賽麝香複方	1g
土耳其玫瑰（請見p.163）	3g

癒創木

英文名稱 Guaiacwood
拉丁學名 *Guaiacum officinale G sanctum*；
Bulnesia sarmient

表面氣味
3
●●●○○○○○

泡沫氣味
3
●●●○○○○○

肌膚氣味
2
●●○○○○○○

癒創木因處理方式不同，產品會帶有煙燻味或是檀香的奶脂味。奶脂味的癒創木入皂效果並不好，不建議使用；帶有煙燻感的癒創木與分類 H、I、J 的木質香氣原料搭配，能增加這類原料的香氣變化，建議選擇皂體表面氣味分數高的原料搭配，例如大西洋雪松 7g ＋癒創木 3g。

雖然癒創木入皂後表現一般，但與其他精油搭配後，效果仍佳，建議適量添加用以修飾其他精油或讓整體氣味更為豐富。

搭配建議

以下建議的原料皆可以加入較高的劑量，來與癒創木搭配。其他沒有提到的原料也可以與癒創木搭配，但不建議加入太高的劑量，需酌量添加。

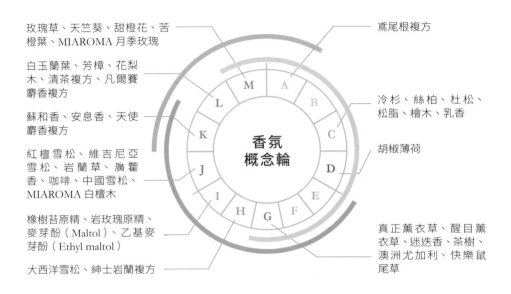

玫瑰草、天竺葵、甜橙花、苦橙葉、MIAROMA 月季玫瑰

白玉蘭葉、芳樟、花梨木、清茶複方、凡爾賽麝香複方

蘇和香、安息香、天使麝香複方

紅檀雪松、維吉尼亞雪松、岩蘭草、廣藿香、咖啡、中國雪松、MIAROMA 白檀木

橡樹苔原精、岩玫瑰原精、麥芽酚（Maltol）、乙基麥芽酚（Ethyl maltol）

大西洋雪松、紳士岩蘭複方

鳶尾根複方

冷杉、絲柏、杜松、松脂、檜木、乳香

胡椒薄荷

真正薰衣草、醒目薰衣草、迷迭香、茶樹、澳洲尤加利、快樂鼠尾草

香氛
概念輪

示範配方 1

示範配方主要以增加癒創木皂體以及泡沫肌膚氣味表現性來做設計。

土耳其玫瑰（請見p.163）	5g
癒創木	4g
大西洋雪松	1g

示範配方 2

溫暖的木質香脂，再加入凡爾賽麝香能加強整體氣味表現。

癒創木	5g
安息香	1g
中國雪松	3g
凡爾賽麝香複方	1g

示範配方 3

癒創木單獨搭配維吉尼雅雪松，在成皂表現氣味會太弱，加入一些帶有乾燥粉質與奶脂香氣的鳶尾根，可以襯托出木質香氣的乾燥氣味，並讓氣味表現性更好。

癒創木	5g
維吉尼亞雪松	3g
鳶尾根複方	2g

純香馥方系列 ——
紳士岩蘭複方

紳士岩蘭複方,主要由
降龍涎香醚、生質原料
(像是甘蔗、糖)加以
合成而得的單體,以及

▲ 降龍涎香醚分子圖

其他香氛原料所調製而成。降龍涎香醚主要可以由
快樂鼠尾草醇 Sclareol(又名紫蘇醇)氧化而得。

紳士岩蘭複方不建議單獨入皂,主要是設計用來修
飾皂友常用精油的氣味,同時加強泡沫的香氣與在
肌膚的表現性。用量低、效果好,建議為整體香氛
配方的 5% ～ 20%(視配方主題而定)。

皂友手邊最常見的精油,像是檜木、乳香、真正薰
衣草、醒目薰衣草、迷迭香、茶樹、澳洲尤加利、
大西洋雪松、岩蘭草、廣藿香、安息香等等,這類
精油因為價格便宜,多數人會將它們大比例使用於
配方中,但是這樣也往往造成兩個問題:

1. 在不多添購其他精油的情況下,是否有方法可以
   讓茶樹、澳洲尤加利、檜木的氣味變得宜人或是
   多點變化?

2. 這類精油往往也會調配在設計給男士使用的皂款
   香氛當中,是否有方法能讓他變得偏向好聞的香
   水香氛?

為了改善此兩點問題,不妨試試將上述任一款精油
8g +紳士岩蘭複方 2g,調和為複方備用,就能加
以變化。

表面氣味

4.5

●●●●●○○○○

泡沫氣味

4.5

●●●●●○○○○

肌膚氣味

6

●●●●●●○○

搭配建議

以下建議的原料皆可以加入較高的劑量，來與紳士岩蘭複方搭配。其他沒有提到的原料也可以與紳士岩蘭複方搭配，但不建議加入太高的劑量，需酌量添加。

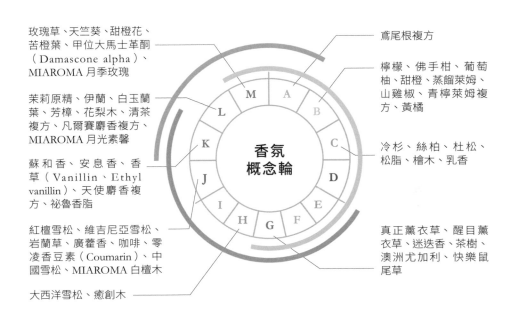

玫瑰草、天竺葵、甜橙花、苦橙葉、甲位大馬士革酮（Damascone alpha）、MIAROMA 月季玫瑰

茉莉原精、伊蘭、白玉蘭葉、芳樟、花梨木、清茶複方、凡爾賽麝香複方、MIAROMA 月光素馨

蘇和香、安息香、香草（Vanillin、Ethyl vanillin）、天使麝香複方、祕魯香脂

紅檀雪松、維吉尼亞雪松、岩蘭草、廣藿香、咖啡、零凌香豆素（Coumarin）、中國雪松、MIAROMA 白檀木

大西洋雪松、癒創木

鳶尾根複方

檸檬、佛手柑、葡萄柚、甜橙、蒸餾萊姆、山雞椒、青檸萊姆複方、黃橘

冷杉、絲柏、杜松、松脂、檜木、乳香

真正薰衣草、醒目薰衣草、迷迭香、茶樹、澳洲尤加利、快樂鼠尾草

香氛概念輪

示範配方 1

示範以紳士岩蘭複方協調茶樹的藥味與廉價感，進階者可挑戰單體調香，再加入零凌香豆素 0.5g，氣味會更沉穩。

茶樹	8g
紳士岩蘭複方	2g

示範配方 2

茶樹＋薰衣草幾乎是每個皂友都試過的配方，不妨試試加入少量的紳士岩蘭，就能突破原本的氣味框架。

茶樹	3.5g
真正薰衣草	3.5g
紳士岩蘭複方	3g

示範配方 3

以苦艾矯正茶樹氣味後再加入木質香氣（分類 H、J），加入紳士岩蘭加強泡沫、與肌膚氣味表現。

茶樹	4g
苦艾（Mugwort）	1g
大西洋雪松	3g
紳士岩蘭複方	2g

橡樹苔原精

英文名稱 Oakmoss
拉丁學名 *Evernia prunastri*

表面氣味

7.5

●●●●●●●◐

泡沫氣味

6

●●●●●●○○

肌膚氣味

6

●●●●●●○○

橡樹苔原精被譽為結合雨林與海洋豐沛氣息的原料，價格中高，在香水調香中僅需要低劑量就能使香水帶有層次感、對比明顯。而在手工皂調香中，除了能為配方本身加分，大幅提升質感外，一般認為難搭配的精油，像是分類E（羅勒、甜茴香）與分類F（丁香、肉桂、薑）原料，都可以試著加入橡樹苔原精調和。橡樹苔原精顏色深，故劑量高時要注意會改變成皂顏色。

搭配建議

在手工皂調香中,橡樹苔原精扮演的僅是潤飾整體香氣,與香氛概念輪分類 A ～ M 的原料均能搭配,但不建議與單方精油單獨搭配(比如大西洋雪松 9.5g ＋橡樹苔原精 0.5g),所以此原料沒有列出建議搭配的香氛概念輪。

建議是用已調和好的複方再加入橡樹苔原精,帶來畫龍點睛的效果(比如檜木林之歌 9.5g ＋橡樹苔原精 0.5g),搭配已調和好的複方可以使整體氣味不會顯得過於單薄,除了增加變化性以外,也能為整體複方加分。建議用量在整體香氛的 5% 以內(例如香氛總重為 10g,p.166 的檜木林之歌 9.5g ＋橡樹苔原精 0.5g),就能帶來很好的氣味效果。

示範配方 1

此配方若改為熱帶羅勒,比例要從 0.5% 降低為 0.1%,並將大西洋雪松替換為 MIAROMA 白檀木、或紅檀雪松,可以矯正熱帶羅勒強勁的氣味。此配方為偏男性、中性香氛。

沉香醇羅勒	0.5g
苦橙葉	2g
零凌香豆素	0.3g
廣藿香	0.3g
大西洋雪松	3g
紳士岩蘭複方	4g

示範配方 2

添加微量橡樹苔原精,即可增加分類 C、D、G 類草本原料的變化。

茶樹	2g
澳洲尤加利	1g
薰衣草	3g
癒創木	2.5g
橡樹苔原精	0.5g

示範配方 3

添加微量橡樹苔原精,與分類 L、M 花香原料搭配,可以讓花香顯得輕盈好聞。

伊蘭	3.5g
白玉蘭葉	5g
MIAROMA 月光素馨	1g
橡樹苔原精	0.5g

岩玫瑰原精

英文名稱 Rock rose
拉丁學名 *Cistus ladaniferus*

表面氣味

6

●●●●●●○○

泡沫氣味

5

●●●●●○○○

肌膚氣味

6

●●●●●●○○

雖然岩玫瑰有「玫瑰」二字，但其氣味與我們所熟悉的玫瑰截然不同。岩玫瑰是萃取自其枝葉上黏稠樹脂狀黏液，氣味深沉、層次豐富。樹脂或香脂類的原精或精油，雖然在調香中多分類為慢板或低音，被歸類為可定香的原料，但並非每一支都適合入皂使用。例如古瓊香脂、古巴香脂入皂表現各方面（表面氣味、泡沫氣味等）均差，不建議購買。

岩玫瑰按照萃取方式，常見有精油與原精，兩種在調香的用途與氣味特色上截然不同，價格中高。精油氣味清亮、特色鮮明；但原精入皂 CP 值較高，少量即能提升整體配方氣味質感。

搭配建議

以下建議的原料皆可以加入較高的劑量，來與岩玫瑰搭配。其他沒有提到的原料也可以與岩玫瑰搭配，但不建議加入太高的劑量，需酌量添加。

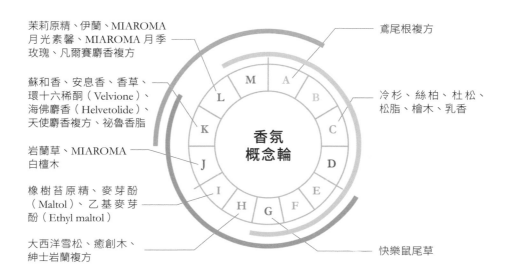

茉莉原精、伊蘭、MIAROMA 月光素馨、MIAROMA 月季玫瑰、凡爾賽麝香複方

蘇和香、安息香、香草、環十六稀酮（Velvione）、海佛麝香（Helvetolide）、天使麝香複方、祕魯香脂

岩蘭草、MIAROMA 白檀木

橡樹苔原精、麥芽酚（Maltol）、乙基麥芽酚（Ethyl maltol）

大西洋雪松、癒創木、紳士岩蘭複方

鳶尾根複方

冷杉、絲柏、杜松、松脂、檜木、乳香

快樂鼠尾草

香氛概念輪

示範配方 1

此配方命名為「琥珀基底」，單獨入皂後，其皂體、泡沫、肌膚表現性均佳，與難搭配的檸檬香茅、或是常見入皂精油如茶樹、澳洲尤加利、迷迭香搭配，能提升這類便宜精油的氣味質感。此配方另可搭配分類 H、I、J、K、L、M的原料。

乳香	5g
絲柏	3g
岩玫瑰原精	0.5g
乙基香草醛	0.5g
凡爾賽麝香複方	1g

示範配方 2

此配方可以創造出類似印度線香神祕馥郁的異國氣味。

MIAROMA 白檀木	4g
MIAROMA 月光素馨	1g
琥珀基底	4g
土耳其玫瑰	1g

示範配方 3

以配方 1 來提升常用精油的質感。

茶樹	2g
澳洲尤加利	2g
琥珀基底	3g
大西洋雪松	3g

麥芽酚／乙基麥芽酚

英文名稱 麥芽酚 Maltol、乙基麥芽酚 Ethyl maltol

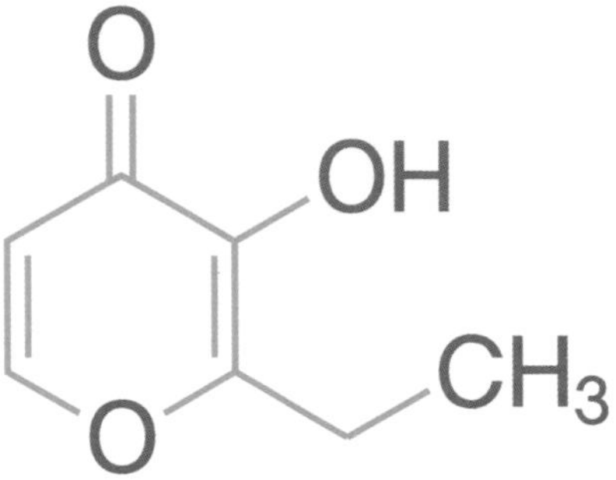

▲ 乙基麥芽酚分子圖

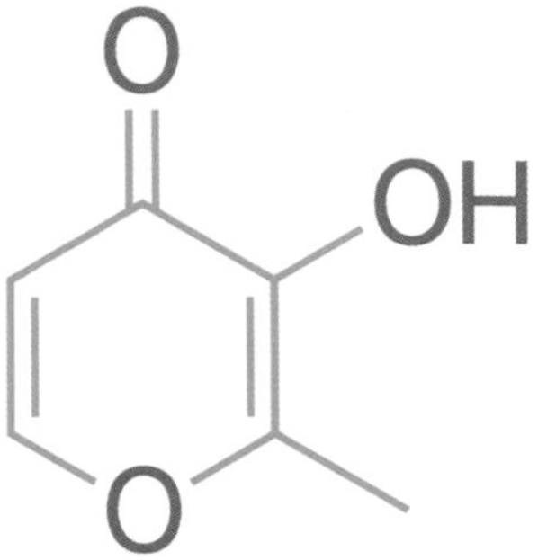

▲ 麥芽酚分子圖

麥芽酚與乙基麥芽酚是可食用的食品原料，廣泛用於調製焦糖、太妃糖等食用香精，通用於香水調香中，在香水中兩種單體的氣味特色不同，入皂時可擇其一購買即可，乙基麥芽酚在使用上較麥芽酚容易操作。

本書所推薦的單體，都可以增加皂體氣味強度，與精油搭配能增加香氛的變化性。麥芽酚或乙基麥芽酚在整體香氛配方中 1%（例如香氛總共10g，甜橙 9.9g＋乙基麥芽酚 0.1g），入皂即有明顯味道，建議用量不要超過整體香氛配方的 5%。

乙基麥芽酚在手工皂調香中扮演的僅是增加香氣的變化性與氣味強度，適合與已調和好的複方精油搭配，比如：p.163 的土耳其玫瑰 9.5g＋乙基麥芽酚 0.5g）。

表面氣味

7

●●●●●●●○

泡沫氣味

4.5

●●●●◐○○○○

肌膚氣味

6

●●●●●●○○

搭配建議

以下建議的原料皆可以加入較高的劑量，來與麥芽酚或乙基麥芽酚搭配。其他沒有提到的原料也可以與麥芽酚或乙基麥芽酚搭配，但不建議加入太高的劑量，需酌量添加。

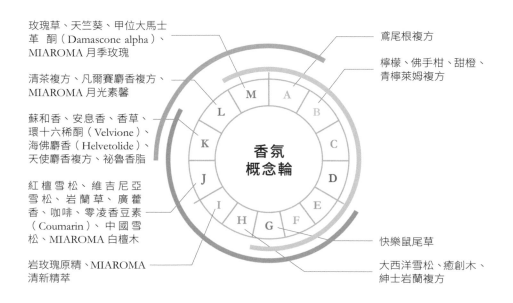

玫瑰草、天竺葵、甲位大馬士革 酮（Damascone alpha）、MIAROMA 月季玫瑰

清茶複方、凡爾賽麝香複方、MIAROMA 月光素馨

蘇和香、安息香、香草、環十六稀酮（Velvione）、海佛麝香（Helvetolide）、天使麝香複方、祕魯香脂

紅檀雪松、維吉尼亞雪松、岩蘭草、廣藿香、咖啡、零凌香豆素（Coumarin）、中國雪松、MIAROMA 白檀木

岩玫瑰原精、MIAROMA 清新精萃

鳶尾根複方

檸檬、佛手柑、甜橙、青檸萊姆複方

快樂鼠尾草

大西洋雪松、癒創木、紳士岩蘭複方

示範配方 1

帶來濃郁而酸甜的柑橘莓果香氣。

十倍甜橙	9.2g
乙基麥芽酚	0.5g
大馬士革酮	0.3g

示範配方 2

溫暖香甜的煙燻感氣味。

祕魯香脂或安息香	7g
十倍甜橙	2g
乙基麥芽酚	0.2g
植物油：松焦油	1g

示範配方 3

僅用薰衣草精油加上甜橙與乙基麥芽酚，成皂在三到四個月會呈現僅剩下淡淡的薰衣草搭配乙基麥芽酚氣味。薰衣草之夢中的凡爾賽麝香複方，除了讓整體配方氣味更加融合以外，也能幫助配方中的香氣維持得更久。

乙基麥芽酚	0.2g
薰衣草之夢（請見 p.164）	5g
十倍甜橙	5g

維吉尼亞雪松

英文名稱 Cedarwood Virginiana
拉丁學名 *Juniperfus virginiana*

維吉尼亞雪松在調香中分類為低音精油，但入皂效果並不好，建議不要作為主要配方或單獨使用。

與鳶尾根複方搭配時，能強化其特殊的削鉛筆木香；與凡爾賽麝香複方、天使麝香搭配，能創造出獨樹一格的麝香複方。可以在此麝香複方基底之上，與其他香味搭配（特別適合與分類 L、M 的花香家族搭配）。

在仿檀香的配方中，一般會用到維吉尼亞雪松，不管是檀香的單體或是現成的香精，很少有能夠模仿出東印度檀香特殊的奶脂柔軟氣味，可以試試 MIAROMA 白檀木，帶有東印度檀香特殊奶脂氣味。

紅檀雪松是天然的混合蒸餾精油，是以雪松、柏木、檀香碎屑混合蒸餾而成，帶有一點煙燻感，適合創造出香火繚繞氣味的配方，氣味整體表現與大西洋雪松相同，入皂或蠟燭 CP 值均高。

表面氣味

2.5

●●◐○○○○○

泡沫氣味

2

●●○○○○○○

肌膚氣味

2

●●○○○○○○

搭配建議

以下建議的原料皆可以加入較高的劑量，來與維吉尼雅雪松、紅檀雪松或 MIAROMA 白檀木搭配。其他沒有提到的原料也可以與上述原料搭配，但不建議加入太高的劑量，需酌量添加。

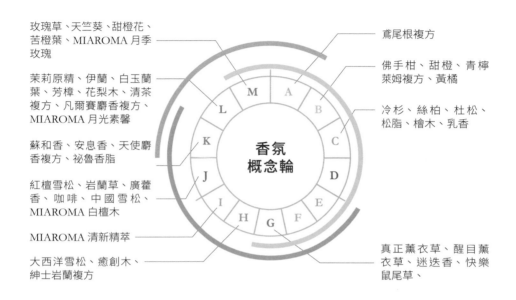

玫瑰草、天竺葵、甜橙花、苦橙葉、MIAROMA 月季玫瑰

茉莉原精、伊蘭、白玉蘭葉、芳樟、花梨木、清茶複方、凡爾賽麝香複方、MIAROMA 月光素馨

蘇和香、安息香、天使麝香複方、祕魯香脂

紅檀雪松、岩蘭草、廣藿香、咖啡、中國雪松、MIAROMA 白檀木

MIAROMA 清新精萃

大西洋雪松、癒創木、紳士岩蘭複方

鳶尾根複方

佛手柑、甜橙、青檸萊姆複方、黃橘

冷杉、絲柏、杜松、松脂、檜木、乳香

真正薰衣草、醒目薰衣草、迷迭香、快樂鼠尾草、

香氛概念輪

示範配方 1

獨特的木屑般迷人氣味，適合冷製皂、液體皂、蠟燭的溫暖香氛配方。維吉尼亞雪松以紅檀雪松替代，會轉為木質古樸氣味、以 MIAROMA 白檀木替代，整體配方會呈現溫暖、Creamy、柔和的檀香氣息。

維吉尼雅雪松	5g
鳶尾根複方	2g
癒創木	3g

示範配方 2

可以在配方 1 中加入分類 L、M 的原料。或是 p.162 中的複方配方，像是伊人玫瑰（p.166）、玫瑰紅茶（p.162）、土耳其玫瑰（p.163），所呈現出的氣味效果，不論在皂體、泡沫、肌膚表現，都會比單用維吉尼亞雪松搭配 L、M 區塊原料來得好。

示範配方 1	7g
苦橙葉	3g

示範配方 3

柔和柔軟檀香與乾燥牧草的香氣。

MIAROMA 白檀木	5g
維吉尼雅雪松	3g
快樂鼠尾草	2g
零凌香豆素	0.1g

岩蘭草

英文名稱 Vetiver
拉丁學名 *Chrysopogon zizanioides*

表面氣味

6.5

●●●●●●◐○○

泡沫氣味

5

●●●●●○○○○

肌膚氣味

5.5

●●●●●◐○○

許多初學者畏於大刀闊斧使用岩蘭草於調香配方中，歸因於強烈的大地木質氣味。建議試試下面三個配方，可保留岩蘭草的氣味特色，並且柔和其氣味。

（1）岩蘭草：咖啡精油＝1：1

（2）岩蘭草：維吉尼雅雪松＝1：2

（3）岩蘭草：鳶尾根複方＝3：1

岩蘭草適合混合成複方後再與其他精油搭配，單獨使用或是與單方精油搭配（例如：茶樹＋岩蘭草、大西洋雪松＋岩蘭草），氣味會不夠協調且缺乏變化。

搭配建議

以下建議的原料皆可以加入較高的劑量，來與岩蘭草搭配。其他沒有提到的原料建議
是將岩蘭草搭配複方 (參考上面三個配方) 後，在加入其他精油，酌量添加。

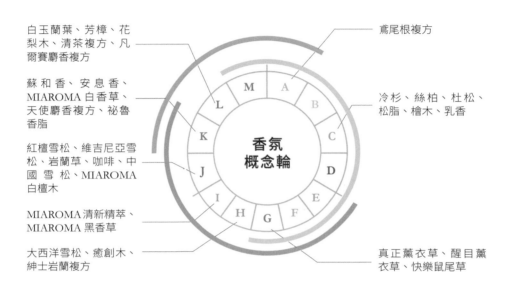

白玉蘭葉、芳樟、花
梨木、清茶複方、凡
爾賽麝香複方

蘇和香、安息香、
MIAROMA 白香草、
天使麝香複方、祕魯
香脂

紅檀雪松、維吉尼亞雪
松、岩蘭草、咖啡、中
國 雪 松、MIAROMA
白檀木

MIAROMA 清新精萃、
MIAROMA 黑香草

大西洋雪松、癒創木、
紳士岩蘭複方

鳶尾根複方

冷杉、絲柏、杜松、
松脂、檜木、乳香

真正薰衣草、醒目薰
衣草、快樂鼠尾草

香氛
概念輪

示範配方 1

帶有堅果與香脂木質的
香氣，咖啡精油可以用
MIAROMA 黑香草替代。

岩蘭草	2.5g
咖啡精油	2.5g
大西洋雪松	2g
快樂鼠尾草	3g

示範配方 2

沉穩的乾燥木質氣味搭
配神祕的玫瑰複方。

岩蘭草	1g
維吉尼亞雪松	2g
伊人玫瑰 (請見 p.166)	7g

示範配方 3

岩蘭草加入了鳶尾根複方
而顯得柔軟的木質香氣，
襯托著沉穩的甜香。

岩蘭草	2.25g
鳶尾根複方	0.75g
祕魯香脂	3g
安息香	4g

廣藿香

英文名稱 Patchouli
拉丁學名 *Pogostemon cablin*

以廣藿香入皂調香的常見
問題是搭配過於通俗、缺乏
變化，氣味聞起來過於草本、
草藥感。

基本上，分類 A ～ M 的原料均適合與廣藿香搭配，
端看想呈現主題，皂友最常見的搭配是分類 B、C、
D、G 或其他木質類精油，但如此往往無法將廣藿香
的特色表現出來。

原料種類較少的初學者，可以試試以下搭配方式，將
廣藿香搭配為複方，再按照建議調配方向，加入相應
的分類原料。

⑴ 廣藿香 1：MIAROMA 黑香草 1
　　此配方適合繼續往下添加，往木質、花香（尤其
　　是玫瑰）方向搭配。

⑵ 以廣藿香搭配 MIAROMA 黑香草，再往玫瑰香
　　型延伸的配方：
　　廣藿香 1：MIAROMA 黑香草 1　　3g
　　土耳其玫瑰（請見 p.163）　　7g

右頁三個示範配方適合進階調香者，示範能表現出廣
藿香特色的配方，單獨使用也能為皂體、泡沫、肌膚
表現帶來極佳的表現，也能作為基底使用，適合與分
類 A、B、L、M 原料搭配。或參考 p.164「戀戀廣藿
香」，此配方能突顯廣藿香的果香特質。

表面氣味
5.5
●●●●●◐○○○

泡沫氣味
4.5
●●●●◐○○○○

肌膚氣味
4.5
●●●●◐○○○○

搭配建議

以下建議的原料皆可以加入較高的劑量，來與廣藿香搭配。其他沒有提到的原料也可以與廣藿香搭配，但不建議加入太高的劑量，需酌量添加。

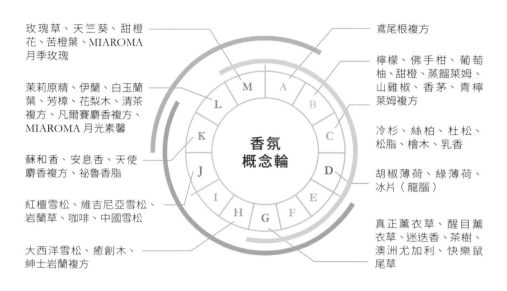

玫瑰草、天竺葵、甜橙花、苦橙葉、MIAROMA 月季玫瑰

茉莉原精、伊蘭、白玉蘭葉、芳樟、花梨木、清茶複方、凡爾賽麝香複方、MIAROMA 月光素馨

蘇和香、安息香、天使麝香複方、祕魯香脂

紅檀雪松、維吉尼亞雪松、岩蘭草、咖啡、中國雪松

大西洋雪松、癒創木、紳士岩蘭複方

鳶尾根複方

檸檬、佛手柑、葡萄柚、甜橙、蒸餾萊姆、山雞椒、香茅、青檸萊姆複方

冷杉、絲柏、杜松、松脂、檜木、乳香

胡椒薄荷、綠薄荷、冰片（龍腦）

真正薰衣草、醒目薰衣草、迷迭香、茶樹、澳洲尤加利、快樂鼠尾草

香氛概念輪

示範配方 1

此配方可作為中性或男性香氛的底調基底。

廣藿香	4g
天使麝香複方	2g
紳士岩蘭複方	4g
乙基麥芽酚	0.2g
零凌香豆素	0.2g

示範配方 2

示範配方①的中性香氛底調，適合再加入柑橘類原料、或是 L、M 分類中的原料酌量修飾使用。

示範配方 1	4g
苦橙葉	1g
佛手柑	5g

示範配方 3

示範配方①的中性香氛底調，再加入分類 C、D、G 常用精油，可以避免廣藿香＋C、D、G原料，配方氣味過於通俗、草本的問題。

茶樹或迷迭香	0.5g
快樂鼠尾草	2g
真正薰衣草	2.5g
示範配方 1	5g

香氣
概念輪
J

咖啡

英文名稱 Coffee
拉丁學名 *Coffea Linn*

表面氣味

5

●●●●●○○○

泡沫氣味

4.5

●●●●◐○○○

肌膚氣味

2.5

●●◐○○○○○

咖啡精油的調配應用，大家最熟悉的就是調配出卡布奇諾、甜點蛋糕的香氣（咖啡精油＋乙基香草醛／麥芽酚）。常用的木質精油（大西洋雪松、廣藿香、岩蘭草、維吉尼亞雪松、癒創木）或是香脂精油（祕魯香脂、安息香），咖啡精油可以為這兩類精油的搭配加分外，也能增加氣味的變化。

搭配建議

以下建議的原料皆可以加入較高的劑量，來與咖啡搭配。其他沒有提到的原料也可以與咖啡搭配，但不建議加入太高的劑量，需酌量添加。

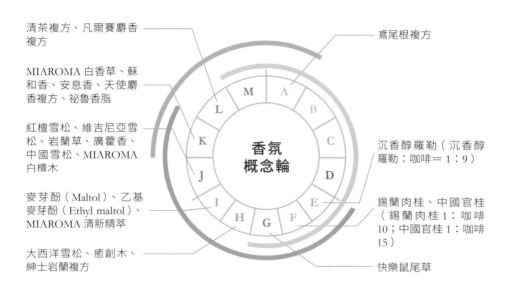

清茶複方、凡爾賽麝香複方

MIAROMA 白香草、蘇和香、安息香、天使麝香複方、祕魯香脂

紅檀雪松、維吉尼亞雪松、岩蘭草、廣藿香、中國雪松、MIAROMA 白檀木

麥芽酚（Maltol）、乙基麥芽酚（Ethyl maltol）、MIAROMA 清新精萃

大西洋雪松、癒創木、紳士岩蘭複方

鳶尾根複方

沉香醇羅勒（沉香醇羅勒：咖啡＝ 1：9）

錫蘭肉桂、中國官桂（錫蘭肉桂 1：咖啡10；中國官桂 1：咖啡15）

快樂鼠尾草

香氛概念輪

示範配方 1

堅果木質中透著甜點溫暖的氣息。

岩蘭草	3g
咖啡	6g
乙基麥芽酚	0.5g
乙基香草醛	0.5g

示範配方 2

沉穩令人安心的香脂氣味，加入咖啡精油，增加香氣的變化性。

咖啡	4g
大西洋雪松	2g
祕魯香脂	4g

示範配方 3

受歡迎的蛋糕甜點香氛，MIAROMA 白香草並不是香草醛 (Vanillin、Ethyl vanillin) 冰淇淋的氣味。綿密的奶油蛋糕香氣，適合再搭配咖啡精油、就變成一款適合入皂的甜點香。

MIAROMA 白香草	3g
咖啡	7g

零凌香豆素

英文名稱 Coumarin

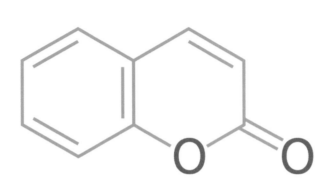

▲ 零凌香豆素分子圖

表面氣味

7

●●●●●●●○

泡沫氣味

5

●●●●●○○○

肌膚氣味

7

●●●●●●●○

零凌香豆素為食品調香原料之一，常見用於調配紅茶、烏龍茶、草本茶的氣味。堅持天然原料的朋友可以購買零凌香豆素原精，但要注意有許多販售零凌香豆原精（深色稠狀）賣家實則上是賣零凌香豆素（粉狀）。

雖然零凌香豆素單體單獨入皂測試中各方面表現均好，但非常不建議單獨入皂使用，容易有消毒藥皂的印象。初學者最簡單的搭配可與分類 H、J 的木質香氣原料搭配，可以增加氣味的豐富與變化性。入皂建議比例為整體香氛的 0.1% ～ 5%。與紳士岩蘭複方搭配可做出男性香水常用的底調。

搭配建議

以下建議的原料皆可以加入較高的劑量，來與零凌香豆素搭配。其他沒有提到的原料也可以與零凌香豆素搭配，但不建議加入太高的劑量，需酌量添加。

清茶複方、凡爾賽麝香複方

MIAROMA 白香草、蘇和香、安息香、天使麝香複方、祕魯香脂

紅檀雪松、維吉尼亞雪松、岩蘭草、廣藿香、咖啡、中國雪松、MIAROMA 白檀木

岩玫瑰原精、MIAROMA 清新精萃、MIAROMA 黑香草

大西洋雪松、癒創木、紳士岩蘭複方

鳶尾根複方

快樂鼠尾草

香氛概念輪

示範配方 1

此配方可以加強快樂鼠尾草的茶香面向。

快樂鼠尾草	6g
佛手柑	2g
零凌香豆素	0.3g
祕魯香脂	2g

示範配方 2

與分類 H、J 原料搭配，增加木質香氣的變化性。

岩蘭草	9.5g
零凌香豆素	0.5g

示範配方 3

此配方我命名為「男性木質香氛」，調和為複方基底後，可以為分類 A~M 各個原料做搭配，特別適合與常用的分類 C、D、G 原料或是其示範配方做搭配（例如 p.63 配方 1 的芬多精 5g ＋男性木質香氛 5g）。

紳士岩蘭複方	6g
鳶尾根複方	3.5g
零凌香豆素	0.5g

香氛
概念輪

J

中國雪松

英文名稱 Cedarwood Chinese
拉丁學名 *Cupressus funebris*

表面氣味

7

●●●●●●●○

泡沫氣味

4.5

●●●●◐○○○

肌膚氣味

4.5

●●●●◐○○○

中國雪松價格便宜，帶有特殊的煙燻香氣。特別適合與分類 H、I、J、K 原料搭配，對於初學者而言，可視為能夠增加常用的木質香氣原料（岩蘭草、大西洋雪松、維吉尼亞雪松、廣藿香）氣味變化性的原料。

沒有此支精油的皂友，若手邊有植物油－松焦油，一樣可以與常用木質原料相搭配。與植物油－松焦油混合後的複方精油，出現分層為正常現象，入皂時攪拌均勻即可。

搭配建議

以下建議的原料皆可以加入較高的劑量，來與中國雪松搭配。其他沒有提到的原料也可以與中國雪松搭配，但不建議加入太高的劑量，需酌量添加。

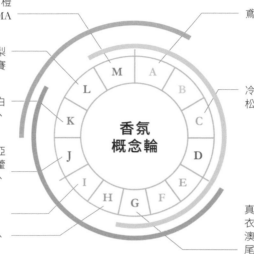

玫瑰草、天竺葵、甜橙花、苦橙葉、MIAROMA月季玫瑰

白玉蘭葉、芳樟、花梨木、清茶複方、凡爾賽麝香複方

安息香、MIAROMA白香草、天使麝香複方、祕魯香脂

紅檀雪松、維吉尼亞雪松、岩蘭草、廣藿香、咖啡、中國雪松、MIAROMA白檀木

MIAROMA清新精萃

大西洋雪松、癒創木、紳士岩蘭複方

鳶尾根複方

冷杉、絲柏、杜松、松脂、檜木、乳香

真正薰衣草、醒目薰衣草、迷迭香、茶樹、澳洲尤加利、快樂鼠尾草

香氛概念輪

示範配方 1

帶有淡淡的煙燻感的木質香氣。

快樂鼠尾草	4g
中國雪松	4g
大西洋雪松	2g

示範配方 2

加強煙燻感與甜味，創造出適合冬日使用的沉穩木質香氣。可以用於手工皂與蠟燭。

快樂鼠尾草	2g
中國雪松	4.5g
岩蘭草	3g
MIAROMA 白香草	0.3g
乙基麥芽酚	0.2g

示範配方 3

可用來替代台灣宗教儀式中的檀香氣味，入皂效果佳。

中國雪松（或松焦油）	5g
MIAROMA 白檀木	4g
MIAROMA 黑香草	1g

香氣
概念輪
K

蘇合香

英文名稱 Storax

拉丁學名 *Liquidamber orientalis*

表面氣味

4

●●●●○○○○

泡沫氣味

4

●●●●○○○○

肌膚氣味

2.5

●●◐○○○○○

蘇合香的氣味豐富，帶有花香、辛香與香脂的面向。在手工皂調香中，以蘇合香搭配花香（尤其是帶粉的花香，如 MIAROMA 花漾或是茉莉、伊蘭），可以調和花香過於濃豔的氣味。與大西洋雪松搭配時，能帶出別樹一格的木質香氣。

MIAROMA 花漾入皂效果佳，覺得氣味太過於濃豔的香友，可以嘗試以下配方：MIAROMA 花漾 1：蘇合香 2 或是 MIAROMA 花漾 1：（蘇合香 + 大西洋雪松）1。

搭配建議

以下建議的原料皆可以加入較高的劑量，來與蘇合香搭配。其他沒有提到的原料也可以與蘇合香搭配，但不建議加入太高的劑量，需酌量添加。

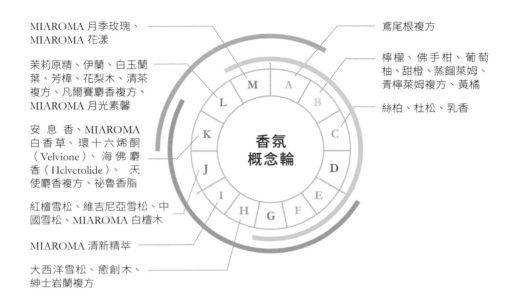

MIAROMA 月季玫瑰、
MIAROMA 花漾

茉莉原精、伊蘭、白玉蘭葉、芳樟、花梨木、清茶複方、凡爾賽麝香複方、MIAROMA 月光素馨

安 息 香、MIAROMA 白香草、環十六烯酮（Velvione）、海佛麝香（Hclvctolide）、 天使麝香複方、祕魯香脂

紅檀雪松、維吉尼亞雪松、中國雪松、MIAROMA 白檀木

MIAROMA 清新精萃

大西洋雪松、癒創木、紳士岩蘭複方

鳶尾根複方

檸檬、佛手柑、葡萄柚、甜橙、蒸餾萊姆、青檸萊姆複方、黃橘

絲柏、杜松、乳香

香氛概念輪

示範配方 1

蘇和香可以增加白玉蘭葉＋伊蘭成皂的香氣強度，並增加氣味豐富度。

白玉蘭葉	3g
伊蘭	3g
蘇合香	4g

示範配方 2

此配方可以作為定香基底，蘇合香加上大西洋雪松與祕魯香脂，可以帶出別樹一格的香脂、木質香氣。

蘇合香	4g
大西洋雪松	3g
祕魯香脂	3g

示範配方 3

以此配方為基礎，再搭配分類 L、M 的原料，可以柔和但強調出 L、M 原料的氣味表現。

蘇合香	5g
凡爾賽麝香複方	1 g
鳶尾根複方	4g

示範配方 4

這邊示範以上面的示範配方三為基礎，在搭配分類於 L、M 的原料，以苦橙葉與伊蘭為例，示範配方三柔和了苦橙葉的特殊氣味、也讓伊蘭與苦橙葉兩者的相搭配不顯衝突

示範配方 3	7g
苦橙葉	2g
伊蘭	1g

<table>
<tr><td>香氣
概念輪
K</td><td>安息香
英文名稱 Benzoin
拉丁學名 Styrax benzoin</td></tr>
</table>

百分之百的安息香為琥珀塊狀，市售的液態狀安息香是已加入溶劑的產品。購買時應該要注意：1. 安息香樹脂的濃度；2. 液態安息香的溶劑為何？安息香樹脂的濃度若是太低，安息香香氣不足，也無定香功效。

安息香所使用的溶劑常見有三種：醇類、酒精、塑化劑。其中醇類溶劑若是在液態安息香所占比例太高，將會造成加速皂化。而酒精溶劑則是不論含量多少，均容易加速皂化。

所以購買安息香時建議選擇「安息香 40% ～ 60% 濃度 in 醇類（DPG/MPG）」，以免安息香樹脂濃度太低，無法達到定香效果，或是因溶劑含量過高加速皂化（安息香 10% in DPG，等於 100g 產品含有 90g 溶劑，僅有樹脂 10g）。

表面氣味
3
●●●○○○○○

泡沫氣味
1.5
●◑○○○○○○

肌膚氣味
2
●●○○○○○○

搭配建議

以下建議的原料皆可以加入較高的劑量，來與安息香搭配。其他沒有提到的原料也可以與安息香搭配，但不建議加入太高的劑量，需酌量添加。

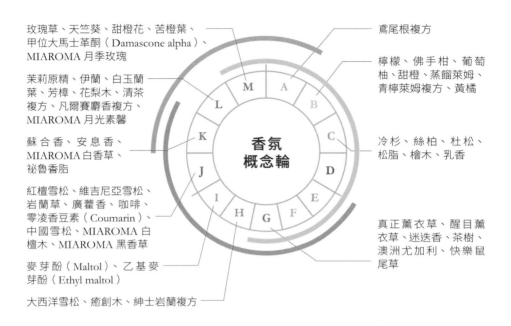

玫瑰草、天竺葵、甜橙花、苦橙葉、甲位大馬士革酮（Damascone alpha）、MIAROMA 月季玫瑰

茉莉原精、伊蘭、白玉蘭葉、芳樟、花梨木、清茶複方、凡爾賽麝香複方、MIAROMA 月光素馨

蘇合香、安息香、MIAROMA 白香草、祕魯香脂

紅檀雪松、維吉尼亞雪松、岩蘭草、廣藿香、咖啡、零凌香豆素（Coumarin）、中國雪松、MIAROMA 白檀木、MIAROMA 黑香草

麥芽酚（Maltol）、乙基麥芽酚（Ethyl maltol）

大西洋雪松、癒創木、紳士岩蘭複方

鳶尾根複方

檸檬、佛手柑、葡萄柚、甜橙、蒸餾萊姆、青檸萊姆複方、黃橘

冷杉、絲柏、杜松、松脂、檜木、乳香

真正薰衣草、醒目薰衣草、迷迭香、茶樹、澳洲尤加利、快樂鼠尾草

香氛概念輪

示範配方 1

安息香最容易上手的配方就是與分類 H、I、J、K 的原料搭配。

大西洋雪松	4g
安息香 50% in DPG	6g
乙基麥芽酚	0.2g

示範配方 2

以配方 1 為基礎，再加入分類 G、L、M 家族原料。配方 1 在此配方中可襯托出茶香，更顯茶味的甜與暖香。

示範配方 1	3g
清茶複方	4g
快樂鼠尾草	3g

示範配方 3

以此配方為基準，適合再加入伊蘭、茉莉、玫瑰、白玉蘭葉、真正薰衣草，能加強花香、果香的表現。也可以直接加入書中的 p.164 薰衣草戀人、p.163 土耳其玫瑰等花香配方。

安息香 50% in DPG	7g
乙基麥芽酚	0.1g
凡爾賽麝香複方	3g

香草醛／乙基香草醛

英文名稱 香草醛 /Vanillin、乙基香草醛 /Ethyl vanillin

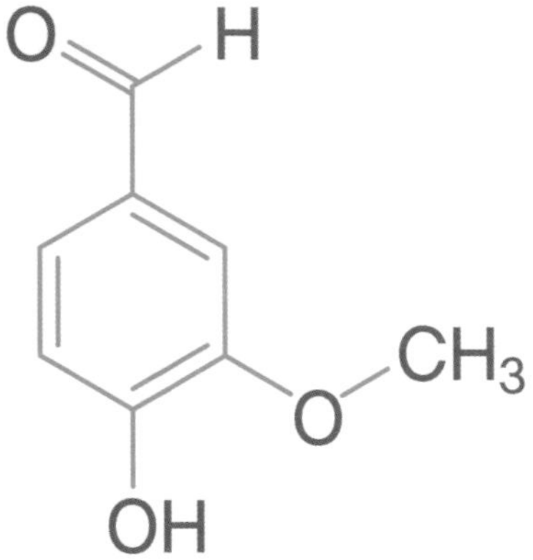

◀ 香草醛分子圖

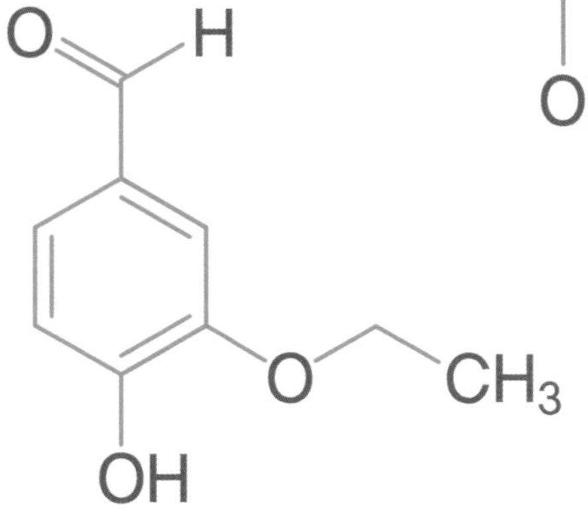

◀ 乙基香草醛分子圖

表面氣味

7

●●●●●●●○

泡沫氣味

4.5

●●●●●○○○○

肌膚氣味

6

●●●●●●○○

香草醛與乙基香草醛是常用的食品原料。一般食品原
料行中所販售的為液態香草精或粉狀，通常含有酒精
或醇類溶劑會加速皂化；粉狀的香草精多數有含澱
粉，兩者都不建議使用在調香中。香草醛與乙基香草
醛兩者在香水調香中，氣味與效果不太一樣，後者氣
味較甜，也較容易使用操作。入皂整體香氛配方中的
建議用量為 0.5% ～ 5%。

搭配建議

以下建議的原料皆可以加入較高的劑量，來與香草（香草醛／乙基香草醛）搭配。其他沒有提到的原料也可以與香草搭配，但不建議加入太高的劑量，需酌量添加。

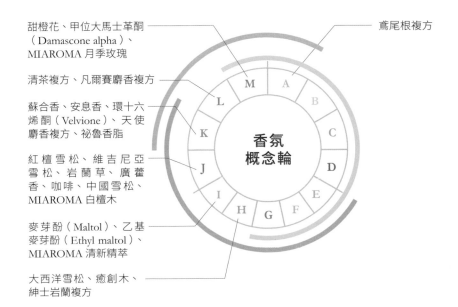

甜橙花、甲位大馬士革酮（Damascone alpha）、MIAROMA 月季玫瑰

清茶複方、凡爾賽麝香複方

蘇合香、安息香、環十六烯酮（Velvione）、天使麝香複方、祕魯香脂

紅檀雪松、維吉尼亞雪松、岩蘭草、廣藿香、咖啡、中國雪松、MIAROMA 白檀木

麥芽酚（Maltol）、乙基麥芽酚（Ethyl maltol）、MIAROMA 清新精萃

大西洋雪松、癒創木、紳士岩蘭複方

鳶尾根複方

香氛概念輪

示範配方 1

甜橙是入皂最受歡迎的精油之一，缺點是香氣於晾皂後微弱，少量的乙基麥芽酚與乙基香草醛能加強甜橙的氣味，但過量會掩蓋住甜橙的氣味。

乙基麥芽酚	0.1g
乙基香草醛	0.05g
十倍甜橙	9.85g

示範配方 2

乙基香草醛＋花香，建議再搭配少量凡爾賽麝香複方，除了能使花香的氣味擴散力更好之外，也能加強皂體、泡沫、與肌膚的氣味表現性。

乙基香草醛	0.3g
土耳其玫瑰（p.163）或	
玫瑰紅茶（p.162）	9g
凡爾賽麝香複方	1g

示範配方 3

從示範配方 1 的延伸變化，加入辛香與木質香氣，營造節慶氛圍。

示範配方 1	7.5g
錫蘭肉桂	0.5g
MIAROMA 白檀木	2g
甲位大馬士革酮	0.1g
或是	
MIAROMA 黑香草	5g
十倍甜橙	4g
錫蘭肉桂	1g

香草的不同面向與應用

MIAROMA 黑香草
黑香草變身為沉靜檀香

檀香的香氣，常使用在廟宇宗教上，被視為安寧定神的氣味。不過，真正的東印度檀香與精油，與我們在寺廟中聞到的香火繚繞氣味相去甚遠。很多皂友發現，即使使用了品質良好的東印度檀香精油，入皂後的氣味表現仍差強人意，甚至要付出極高的成本。

這裡提供一個以黑香草加入木質類精油，調和出大家熟悉的香火氣息。加入一點鳶尾根複方，可以增加木質香氣的層次，並讓整體香氣表現更好。

示範配方

Miaroma 黑香草	2g
鳶尾根複方	1g
岩蘭草	3g
紅檀雪松	4g

黑香草能為木質香氣加分

MIAROMA 黑香草所表現出的是像咖啡、卡布奇諾的氣味，手邊原料不多的初學者，可以直接使用入皂，進階調香者，可以試試再加入分類 J 中的木質原料及分類 K 的香脂原料，調配出沉穩、吸引人的木質香氛配方。

示範配方

岩蘭草	4g
大西洋雪松	3g
MIAROMA 黑香草	3g

MIAROMA 白香草
帶來有如奶油蛋糕的美味香氣

MIAROMA 白香草所表現的氣味,並不是香草醛的冰淇淋氣味,而是奶油蛋糕香氣。主要原料並非香草醛,喜歡鬆軟奶油蛋糕香氣的初學者,可以直接使用入皂,進階調香者,可以將MIAROMA 白香草與 MIAROMA 清新精萃調和,再往下加入分類 L、M 的原料,將會轉變為復古的女性香水香氛。

示範配方

MIAROMA 白香草	1g
MIAROMA 清新精萃	0.5g
伊蘭	6g
玫瑰天竺葵	3g

香草醛
調和出甜點香氣與花香味

想挑戰單體的初學者,香草醛、乙基香草醛在手工皂調香中,最快上手的是往這兩個面向發展:1 甜點、2 麝香+花香。

示範配方 1

僅用乙基香草醛入皂,香氣過於單一,可以加入一些咖啡精油。加入天使麝香複方,可以讓原本的甜點氣味,香氣更柔軟、擴散力更好,並能增加氣味的泡沫與肌膚表現。

天使麝香複方	1g
咖啡精油	9g
乙基香草醛	0.5g

示範配方 2

以凡爾賽麝香搭配乙基香草醛,適合再搭配上分類 L、M 花香原料或木質原料,發展為香水香氛。以此配方為基礎,可以再搭配分類 L、M 單方精油,或是花香主題的複方(p.166 伊人玫瑰、p.163 土耳其玫瑰、p.164 薰衣草之夢)。

凡爾賽麝香	9.5g
乙基香草醛	0.5g

純香馥方系列 ——

天使麝香複方

表面氣味
3
●●●○○○○○

泡沫氣味
3
●●●○○○○○

肌膚氣味
4.5
●●●●◐○○○

▲ 麝香分子 Helvetolide

單純以單一支麝香分子（Helvetolide）入皂，氣味表現差，遠不如一些分類在高音的精油。天使麝香複方是以脂環酯類的麝香為主，成分安全、環保，調和為複方後，潔淨怡人的氣味，特別適合與常用精油（分類 B、C、G、H）搭配，在保留精油氣味特色下，達到加強各方面氣味表現的效果，也可以作為定香使用。

搭配建議

以下建議的原料皆可以加入較高的劑量，來與天使麝香搭配。其他沒有提到的原料也可以與天使麝香搭配，但不建議加入太高的劑量，需酌量添加。

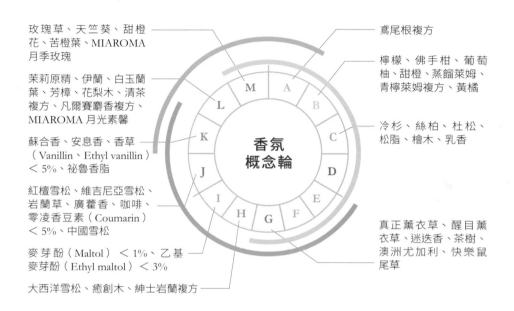

玫瑰草、天竺葵、甜橙花、苦橙葉、MIAROMA月季玫瑰

茉莉原精、伊蘭、白玉蘭葉、芳樟、花梨木、清茶複方、凡爾賽麝香複方、MIAROMA月光素馨

蘇合香、安息香、香草（Vanillin、Ethyl vanillin）＜ 5%、祕魯香脂

紅檀雪松、維吉尼亞雪松、岩蘭草、廣藿香、咖啡、零凌香豆素（Coumarin）＜ 5%、中國雪松

麥芽酚（Maltol）＜ 1%、乙基麥芽酚（Ethyl maltol）＜ 3%

大西洋雪松、癒創木、紳士岩蘭複方

鳶尾根複方

檸檬、佛手柑、葡萄柚、甜橙、蒸餾萊姆、青檸萊姆複方、黃橘

冷杉、絲柏、杜松、松脂、檜木、乳香

真正薰衣草、醒目薰衣草、迷迭香、茶樹、澳洲尤加利、快樂鼠尾草

香氛概念輪

示範配方 1

以此配方為基礎，適合繼續加入常備的精油品項，例如薰衣草、迷迭香、茶樹等精油。

鳶尾根複方	8g
天使麝香複方	2g
零凌香豆素	0.5g

示範配方 2

以示範配方 1 為基礎，搭配真正薰衣草，再加入搭配微量的分類 E、F 原料。可以將氣味突出難調配的甜茴香等原料，轉而為整體配方增加氣味變化更為加分。

示範配方 1	5.5g
真正薰衣草	4g
甜茴香	0.1g
伊蘭	0.4g

示範配方 3

以示範配方 1 為基礎，搭配常備精油原料，再加入橡樹苔原精，呈現清爽的草本男性香氛。

示範配方 1	5g
真正薰衣草	3g
迷迭香	1g
茶樹	1g
橡樹苔原精	0.5g

※ 以上示範的三種配方均於可作為入皂的香水香氛。

祕魯香脂

英文名稱 Peru Balsam
拉丁學名 *Myroxlon pereirae*

表面氣味

3.5

●●●◑○○○○○

泡沫氣味

2

●●○○○○○○

肌膚氣味

2.5

●●◑○○○○○

祕魯香脂有兩種性狀,一種為精製樹脂,呈現濃稠如瀝青顏色;另一種為蒸餾過後取得的精油,顏色淡、流動性佳。兩者皆能入皂使用,如介意顏色,建議選擇淡色流動性佳的祕魯香脂。

祕魯香脂入皂後的表現比安息香好,唯要注意,祕魯香脂有肌膚刺激性。

搭配建議

以下建議的原料皆可以加入較高的劑量，來與祕魯香脂搭配。其他沒有提到的原料也可以與祕魯香脂搭配，但不建議加入太高的劑量，需酌量添加。

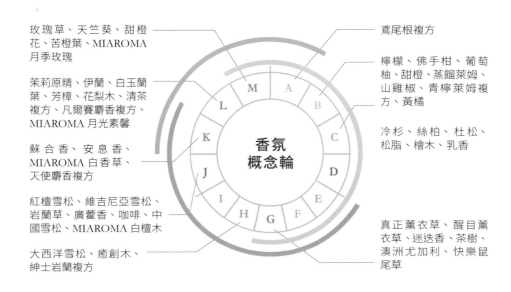

玫瑰草、天竺葵、甜橙花、苦橙葉、MIAROMA 月季玫瑰

茉莉原精、伊蘭、白玉蘭葉、芳樟、花梨木、清茶複方、凡爾賽麝香複方、MIAROMA 月光素馨

蘇合香、安息香、MIAROMA 白香草、天使麝香複方

紅檀雪松、維吉尼亞雪松、岩蘭草、廣藿香、咖啡、中國雪松、MIAROMA 白檀木

大西洋雪松、癒創木、紳士岩蘭複方

香氛概念輪

鳶尾根複方

檸檬、佛手柑、葡萄柚、甜橙、蒸餾萊姆、山雞椒、青檸萊姆複方、黃橘

冷杉、絲柏、杜松、松脂、檜木、乳香

真正薰衣草、醒目薰衣草、迷迭香、茶樹、澳洲尤加利、快樂鼠尾草

示範配方 1

以此配方為基準，可以柔和分類 B、C、G 的精油香氣以外，也能讓其氣味表現更好。

祕魯香脂	5g
鳶尾根複方	1g
紳士岩蘭複方	4g

示範配方 2

祕魯香脂帶有隱約的肉桂辛香，搭配大西洋雪松，增加氣味的豐富性。且大西洋雪松入皂後的皂體、泡沫、肌膚表現皆佳。

大西洋雪松	6g
祕魯香脂	4g

示範配方 3

以示範配方 1 搭配薰衣草，能保留薰衣草的氣味特色外，還能帶來較為優雅的中性薰衣草香水香氛；若以示範配方 2 搭配薰衣草，整體香氣則為香脂木質＋薰衣草香氣。

真正薰衣草	5g
示範配方 1 或 2	5g

茉莉原精

英文名稱 Jasmine
拉丁學名 *Jasmine grandiflorum*

昂貴的茉莉原精使用在手工皂當中，最經濟實惠的用法是：(1)修飾花香配方的氣味；(2)讓花香配方聞起來更天然、柔和。用量不需要很多，大概為整體香氛配方的 5%，就能夠達到修飾效果。

傳統茉莉香精所使用的單體比如乙酸卞酯或吲哚，對初學者而言，都不是容易上手及能夠與常用精油混搭的原料。乙酸卞酯對多數初學者而言，像是卸甲油氣味、吲哚則像是水溝的氣味。

花香原料如果來自天然，價格必定昂貴，香精多數聞起來過於廉價，所以這也是多數皂友比較少入手花香原料（不論天然或香精）的原因。可以試試以白玉蘭葉以及茉莉凝香體（concrete）所調製 MIAROMA 月光素馨，氣味柔和、帶有天然的茉莉香氣。其他像是 MIAROMA 晚香玉、MIAROMA 翩翩野薑，也可以替代白色花香。

表面氣味
8
●●●●●●●●○○

泡沫氣味
7.5
●●●●●●●◐○○

肌膚氣味
6
●●●●●●○○○○

搭配建議

以下建議的原料皆可以加入較高的劑量，來與茉莉原精搭配。其他沒有提到的原料也可以與茉莉原精搭配，但不建議加入太高的劑量，需酌量添加。

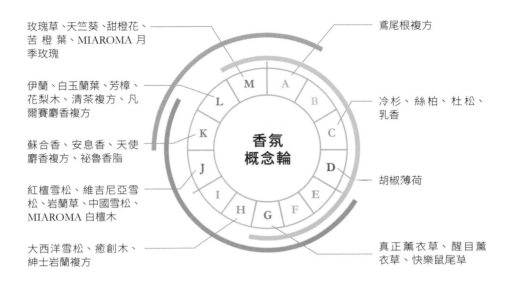

玫瑰草、天竺葵、甜橙花、苦橙葉、MIAROMA 月季玫瑰

伊蘭、白玉蘭葉、芳樟、花梨木、清茶複方、凡爾賽麝香複方

蘇合香、安息香、天使麝香複方、祕魯香脂

紅檀雪松、維吉尼亞雪松、岩蘭草、中國雪松、MIAROMA 白檀木

大西洋雪松、癒創木、紳士岩蘭複方

鳶尾根複方

冷杉、絲柏、杜松、乳香

胡椒薄荷

真正薰衣草、醒目薰衣草、快樂鼠尾草

香氛概念輪

示範配方 1

此配方中的茉莉原精可以用 MIAROMA 月光素馨、MIAROMA 晚香玉、MIAROMA 翩翩野薑替代，能調出風情各異、含苞待放白色花香。

白玉蘭葉	6.5g
伊蘭	3g
茉莉原精	0.5g

示範配方 2

茉莉原精加上清茶複方，帶來有如身入茉莉茶園的香氣。

佛手柑	2.5g
茉莉原精	0.5g
清茶複方	6g

示範配方 3

檀香＋白色花香的氣味，適合用於蠟燭、線香、手工皂。

茉莉原精	1g
MIAROMA 白檀木	9g

伊蘭

英文名稱 Ylang-Ylang
拉丁學名 *Canaga odorata*

表面氣味

6

●●●●●●○○

泡沫氣味

6

●●●●●●○○

肌膚氣味

3.5

●●●◐○○○○

伊蘭，又叫做「窮人的茉莉」，比起茉莉它帶有馬廄混合香水百合的動物味感，入皂效果雖好，但很多人卻不喜歡它的氣味，認為聞起來太過於豔麗。為平衡其豔麗氣味，初學者可以使用分類 H、J 原料，但整體會轉變為以木質為主、花香為輔的香氣。如想保留花香特色，可以使用清茶複方或是白玉蘭葉精油來調整（比例為清茶複方 2：伊蘭 8 或是白玉蘭葉 5：伊蘭 5）。

搭配建議

以下建議的原料皆可以加入較高的劑量，來與伊蘭搭配。其他沒有提到的原料也可以與伊蘭搭配，但不建議加入太高的劑量，需酌量添加。

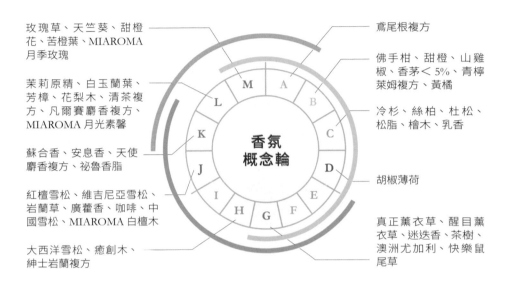

玫瑰草、天竺葵、甜橙花、苦橙葉、MIAROMA 月季玫瑰

茉莉原精、白玉蘭葉、芳樟、花梨木、清茶複方、凡爾賽麝香複方、MIAROMA 月光素馨

蘇合香、安息香、天使麝香複方、祕魯香脂

紅檀雪松、維吉尼亞雪松、岩蘭草、廣藿香、咖啡、中國雪松、MIAROMA 白檀木

大西洋雪松、癒創木、紳士岩蘭複方

鳶尾根複方

佛手柑、甜橙、山雞椒、香茅＜ 5%、青檸萊姆複方、黃橘

冷杉、絲柏、杜松、松脂、檜木、乳香

胡椒薄荷

真正薰衣草、醒目薰衣草、迷迭香、茶樹、澳洲尤加利、快樂鼠尾草

（香氛概念輪：M A B C D E F G H I J K L）

示範配方 1

以分類 H、J 原料調整伊蘭氣味，要注意的是分類 J 的廣藿香、咖啡，不適合大比例直接用於調整伊蘭氣味。

伊蘭	4.5g
岩蘭草	0.5g
維吉尼亞雪松	3g
祕魯香脂	2g

示範配方 2

分類 J 的廣藿香、咖啡適合少量使用，修飾含有伊蘭的花香複方，能讓整體花香富有層次感。

伊蘭	5g
凡爾賽玫瑰（p.163）	5g
廣藿香	0.5g
乙基麥芽酚	0.2g

示範配方 3

以清茶修飾伊蘭香氣，並加入快樂鼠尾草，讓整體香氣偏向中性。

伊蘭	4g
快樂鼠尾草	3g
清茶複方	3g

白玉蘭葉

香氛
概念輪
L

英文名稱 Magnolia Leaves
拉丁學名 *Michelia alba/Magnolia alba*

表面氣味
4
●●●●○○○○

泡沫氣味
6
●●●●●●○○

肌膚氣味
3
●●●○○○○○

花梨木為瀕臨絕種的天然原料之一,目前市面上約七成以上的花梨木精油,幾乎都為單體所調和而成。但要注意的是,不管是百分之百的花梨木,或是調和的花梨木精油,其入皂效果都不佳。通常會以芳樟來替代,其價格便宜,產地以中國為主。

不過在手工皂調香中,多數皂友選擇花梨木或芳樟調想配出「花香」,但成品效果皆讓人失望。我會建議以白玉蘭葉替代,雖然三者均是以沉香醇為主成分的精油,但白玉蘭葉的表現效果是三者當中最佳的。白玉蘭葉可以柔和分類 G 原料的氣味,不過要搭配茶樹、澳洲尤加利時,如想要要完全擺脫廉價藥味,建議先跟鼠尾草(Sage)、艾草(Mugwort)、摩洛哥洋甘菊調和後,再加入白玉蘭葉(比例為〔茶樹 9:艾草 1〕7:白玉蘭葉 3)。

搭配建議

以下建議的原料皆可以加入較高的劑量,來與白玉蘭葉搭配。其他沒有提到的原料也可以與白玉蘭葉搭配,但不建議加入太高的劑量,需酌量添加。

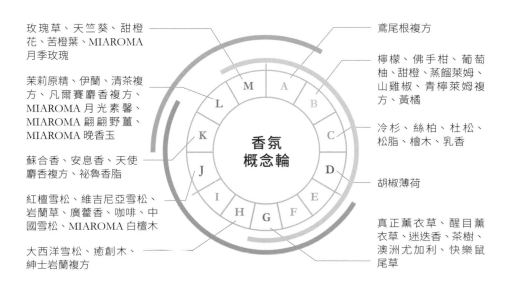

玫瑰草、天竺葵、甜橙花、苦橙葉、MIAROMA月季玫瑰

茉莉原精、伊蘭、清茶複方、凡爾賽麝香複方、MIAROMA 月光素馨、MIAROMA 翩翩野薑、MIAROMA 晚香玉

蘇合香、安息香、天使麝香複方、祕魯香脂

紅檀雪松、維吉尼亞雪松、岩蘭草、廣藿香、咖啡、中國雪松、MIAROMA 白檀木

大西洋雪松、癒創木、紳士岩蘭複方

鳶尾根複方

檸檬、佛手柑、葡萄柚、甜橙、蒸餾萊姆、山雞椒、青檸萊姆複方、黃橘

冷杉、絲柏、杜松、松脂、檜木、乳香

胡椒薄荷

真正薰衣草、醒目薰衣草、迷迭香、茶樹、澳洲尤加利、快樂鼠尾草

香氛概念輪

M A B C D E F G H I J K L

示範配方 1

芬多精搭配清綠氣息中的一抹花香。

檜木林之歌(p.166)	3g
白玉蘭葉	7g

示範配方 2

真正薰衣草是最常用的單方精油之一,因此也最容易給予消費者聞起來差不多的印象,可以試試以下這個搭配。

白玉蘭葉	3g
真正薰衣草	4.5g
伊蘭	0.5g
清茶複方	2g

示範配方 3

可以此配方為基礎,再往下加入分類 C、H 的原料做變化。

白玉蘭葉	5g
伊蘭	1g
祕魯香脂	3g
鳶尾根複方	1g

純香馥方系列 ——
清茶複方

▶ 茉莉酸甲脂分子圖

表面氣味

6

●●●●●○○

泡沫氣味

5.5

●●●●●◐○○

肌膚氣味

5

●●●●●○○○

iparfumeur

說到代表東方的氣味，除了檜木以外，大家的第一印象必定是各種茶香，如烏龍茶、東方美人、包種茶。其中紅茶、綠茶、烏龍茶的確可以購買到原精，但氣味與啜飲時感受的雅緻餘韻，相去甚遠。

清茶複方設計的初衷，是以茉莉酸甲酯搭配上其他環保原料與單體，設計出一支能夠廣泛搭配的複方基底，搭配上不同的精油，可以變化出紅茶、烏龍茶、到綠茶香水的各種配方。

茉莉酸甲酯（Methyl Jasmonate）存在於自然界中，最早於 1962 年在天然的大花茉莉中發現。清雅的氣味，單獨入皂的氣味表現並不好，必須要與其他單體搭配使用。

搭配建議

以下建議的原料皆可以加入較高的劑量，來與清茶複方搭配。其他沒有提到的原料也可以與清茶複方搭配，但不建議加入太高的劑量，需酌量添加。

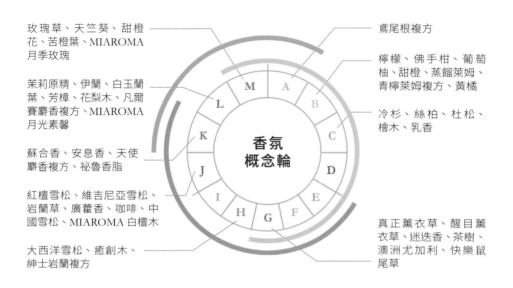

玫瑰草、天竺葵、甜橙花、苦橙葉、MIAROMA月季玫瑰

茉莉原精、伊蘭、白玉蘭葉、芳樟、花梨木、凡爾賽麝香複方、MIAROMA月光素馨

蘇合香、安息香、天使麝香複方、祕魯香脂

紅檀雪松、維吉尼亞雪松、岩蘭草、廣藿香、咖啡、中國雪松、MIAROMA白檀木

大西洋雪松、癒創木、紳士岩蘭複方

香氛概念輪

鳶尾根複方

檸檬、佛手柑、葡萄柚、甜橙、蒸餾萊姆、青檸萊姆複方、黃橘

冷杉、絲柏、杜松、檜木、乳香

真正薰衣草、醒目薰衣草、迷迭香、茶樹、澳洲尤加利、快樂鼠尾草

示範配方 1

初學者手上如果原料不多，不足以調配出書中的玫瑰紅茶、烏龍茶、綠茶等配方。可以試試這個基本的茶香配方，此配方適合手工皂、液體皂、蠟燭，香氣為雅緻但持久的清淡茶香。

清茶複方	6g
鳶尾根複方	1g
快樂鼠尾草	3g

示範配方 2

清茶複方除了搭配為茶香外，也可以加入其他精油或複方，來調製香水香氛。

醒目薰衣草	3g
天竺葵	0.5g
清茶複方	3g
紳士岩蘭複方	1g

純香馥方系列 ——
凡爾賽麝香複方

▶ 環十六烯酮分子圖

表面氣味
6
●●●●●●○○

泡沫氣味
5.5
●●●●●◐○○

肌膚氣味
5
●●●●●○○○

凡爾賽麝香複方使用可分解的環保麝香——環十六烯酮（Velvione），帶有寶寶肌膚柔軟、粉感的溫暖氣味，與天使麝香複方帶有沐浴後乾淨氣息的香味不同。凡爾賽麝香複方主要用於調和柑橘類、花香類、木質類精油，可以加強整體香氣擴散力，以及皂體、泡沫、肌膚的氣味表現。

搭配建議

以下建議的原料皆可以加入較高的劑量，來與凡爾賽麝香複方搭配。其他沒有提到的原料也可以與凡爾賽麝香複方搭配，但不建議加入太高的劑量，需酌量添加。

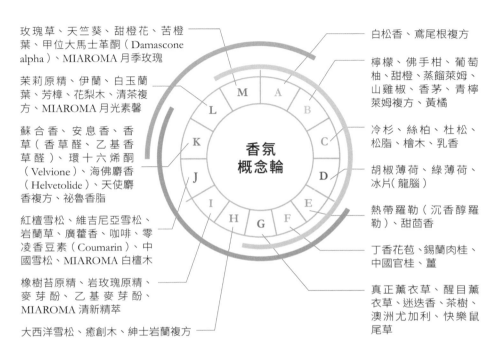

玫瑰草、天竺葵、甜橙花、苦橙葉、甲位大馬士革酮（Damascone alpha）、MIAROMA 月季玫瑰

茉莉原精、伊蘭、白玉蘭葉、芳樟、花梨木、清茶複方、MIAROMA 月光素馨

蘇合香、安息香、香草（香草醛、乙基香草醛）、環十六烯酮（Velvione）、海佛麝香（Helvetolide）、天使麝香複方、祕魯香脂

紅檀雪松、維吉尼亞雪松、岩蘭草、廣藿香、咖啡、零凌香豆素（Coumarin）、中國雪松、MIAROMA 白檀木

橡樹苔原精、岩玫瑰原精、麥芽酚、乙基麥芽酚、MIAROMA 清新精萃

大西洋雪松、癒創木、紳士岩蘭複方

白松香、鳶尾根複方

檸檬、佛手柑、葡萄柚、甜橙、蒸餾萊姆、山雞椒、香茅、青檸萊姆複方、黃橘

冷杉、絲柏、杜松、松脂、檜木、乳香

胡椒薄荷、綠薄荷、冰片（龍腦）

熱帶羅勒（沉香醇羅勒）、甜茴香

丁香花苞、錫蘭肉桂、中國官桂、薑

真正薰衣草、醒目薰衣草、迷迭香、茶樹、澳洲尤加利、快樂鼠尾草

香氛概念輪

示範配方 1

兒時懷舊的經典寶寶粉香。

凡爾賽麝香複方	3g
鳶尾根複方	2g
祕魯香脂	3g
佛手柑	2g

示範配方 2

凡爾賽麝香只要少量使用就能達到增強分類 L、M 精油擴散力與肌膚表現的效果。

伊蘭	4g
白玉蘭葉	2g
佛手柑	3g
凡爾賽麝香複方	1g

示範配方 3

搭配常用的木質香氣後，適合再加入微量的辛香原料（分類 E、F），再繼續加入常用的精油（分類 B、C、G）就可以做出有質感、不落俗套的香氛配方。可以再加入新鮮薑、錫蘭肉桂、羅勒、甜茴香（用量建議為 < 0.05g），或再加入茶樹、迷迭香、醒目薰衣草、胡椒薄荷、乳香等常備精油，用量建議為 5g 以內。

凡爾賽麝香複方	1g
岩蘭草	3g
大西洋雪松	6g

玫瑰草 / 馬丁香

英文名稱 Palmarosa

拉丁學名 *Cymbopogon martinii*

表面氣味
4
●●●●○○○○

泡沫氣味
5
●●●●●○○○

肌膚氣味
2
●●○○○○○○

玫瑰草的氣味比起天竺葵，更適合與分類 B 的柑橘精油搭配，而且能夠平衡山雞椒、檸檬香茅、香茅的廉價氣味，帶來的效果是天竺葵無法替代的。

如果不喜歡檸檬香茅、香茅氣味，可以試試用用玫瑰草調，比例為玫瑰草 1：檸檬香茅 2 或玫瑰草 2：香茅 1。

搭配建議

以下建議的原料皆可以加入較高的劑量，來與玫瑰草搭配。其他沒有提到的原料也可以與玫瑰草搭配，但不建議加入太高的劑量，需酌量添加。

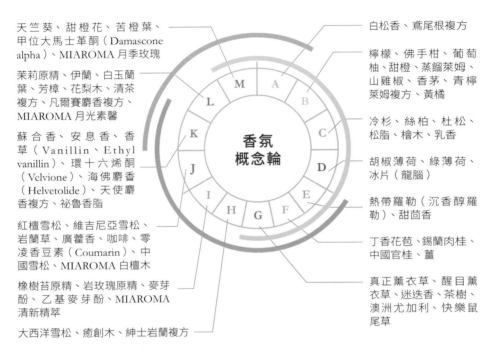

天竺葵、甜橙花、苦橙葉、甲位大馬士革酮（Damascone alpha）、MIAROMA 月季玫瑰

茉莉原精、伊蘭、白玉蘭葉、芳樟、花梨木、清茶複方、凡爾賽麝香複方、MIAROMA 月光素馨

蘇合香、安息香、香草（Vanillin、Ethyl vanillin）、環十六烯酮（Velvione）、海佛麝香（Helvetolide）、天使麝香複方、祕魯香脂

紅檀雪松、維吉尼亞雪松、岩蘭草、廣藿香、咖啡、零凌香豆素（Coumarin）、中國雪松、MIAROMA 白檀木

橡樹苔原精、岩玫瑰原精、麥芽酚、乙基麥芽酚、MIAROMA 清新精萃

大西洋雪松、癒創木、紳士岩蘭複方

白松香、鳶尾根複方

檸檬、佛手柑、葡萄柚、甜橙、蒸餾萊姆、山雞椒、香茅、青檸萊姆複方、黃橘

冷杉、絲柏、杜松、松脂、檜木、乳香

胡椒薄荷、綠薄荷、冰片（龍腦）

熱帶羅勒（沉香醇羅勒）、甜茴香

丁香花苞、錫蘭肉桂、中國官桂、薑

真正薰衣草、醒目薰衣草、迷迭香、茶樹、澳洲尤加利、快樂鼠尾草

香氛概念輪

示範配方 1

柑橘果香
比起單純使用佛手柑或分類 B 的柑橘精油，加入玫瑰草、甜橙花，能夠加強柑橘精油入皂的氣味表現。

佛手柑	5g
玫瑰草	1g
芳樟	3g
甜橙花	1g

示範配方 2

玫瑰草的果香可以讓伊蘭聞起來不那麼濃豔。

玫瑰草	5g
伊蘭	2g
安息香	3g

示範配方 3

如果不喜歡檸檬香茅的氣味，可以加入玫瑰草調和。

玫瑰草	2g
檸檬香茅	4g
松脂	3.5g
胡椒薄荷	0.5g

波本天竺葵

英文名稱 Geranium Bourbon
拉丁學名 *Pelargonium graveolens*

表面氣味

4.5

●●●●◑○○○

泡沫氣味

5

●●●●●○○○

肌膚氣味

2

●●○○○○○○

天竺葵因產地不同，氣味各異，市售最常見的不外乎玫瑰天竺葵、波本天竺葵、中國天竺葵。在香水調香中，天竺葵往往是微量使用，約莫占整體香氛配方的 0.5% 以內，主要是用來修飾前調。

波本天竺葵與中國天竺葵兩者入皂效果較佳，但購買天竺葵的皂友，多數會盼望用天竺葵來調製出昂貴的玫瑰氣味，實際成效卻往往令人失望。在右頁示範配方 1 中會教大家如何使用天竺葵來調製出玫瑰的氣味。

搭配建議

以下建議的原料皆可以加入較高的劑量，來與波本天竺葵搭配。其他沒有提到的原料也可以與波本天竺葵搭配，但不建議加入太高的劑量，需酌量添加。

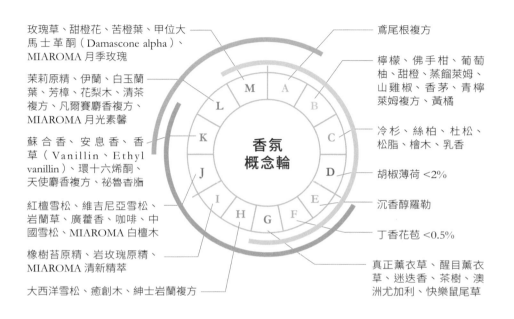

玫瑰草、甜橙花、苦橙葉、甲位大馬士革酮（Damascone alpha）、MIAROMA 月季玫瑰

茉莉原精、伊蘭、白玉蘭葉、芳樟、花梨木、清茶複方、凡爾賽麝香複方、MIAROMA 月光素馨

蘇合香、安息香、香草（Vanillin、Ethyl vanillin）、環十六烯酮、天使麝香複方、祕魯香脂

紅檀雪松、維吉尼亞雪松、岩蘭草、廣藿香、咖啡、中國雪松、MIAROMA 白檀木

橡樹苔原精、岩玫瑰原精、MIAROMA 清新精萃

大西洋雪松、癒創木、紳士岩蘭複方

香氛概念輪

鳶尾根複方

檸檬、佛手柑、葡萄柚、甜橙、蒸餾萊姆、山雞椒、香茅、青檸萊姆複方、黃橘

冷杉、絲柏、杜松、松脂、檜木、乳香

胡椒薄荷 <2%

沉香醇羅勒

丁香花苞 <0.5%

真正薰衣草、醒目薰衣草、迷迭香、茶樹、澳洲尤加利、快樂鼠尾草

示範配方 1

此配方適合入皂使用，如要製作為玫瑰香水，建議將波本天竺葵劑量與苯乙醇的量互換。

波本天竺葵	6.5g
玫瑰草	1g
苯乙醇	2g
甲位大馬士革酮	0.5g
丁香花苞	0.02g

示範配方 2

比起示範配方 1，此配方果香味更為明顯。

白玉蘭葉	1g
波本天竺葵	3.5g
玫瑰草	2g
苯乙醇	2g
甲位大馬士革酮	0.5g
丁香花苞	0.02

示範配方 3

配方 1 與配方 2 均適合作為基底，再搭配任一隻麝香，就是適合入皂的簡易版玫瑰香水配方。

示範配方1或2	8g
凡爾賽麝香複方	2g

甲位大馬士革酮

英文名稱 Damascone alpha

▲ 甲位大馬士革酮分子

調香常用的大馬士革酮系列有：Damascone alpha、Damascone beta、Damascone gamma、Damascone delta、Damascone total、Damascenone。此系列原料氣味與用法各異，比如高劑量的 Damascone beta 可以做出醇厚的香檳果香、Damascenone 低劑量就能帶出蜜甜感。Damascone alpha 與 Damascone gamma 氣味則沒有那麼的偏蜜漬梅李，而帶點草本面向。

其中，Damascone alpha 價格較為合宜，與精油搭配廣用性高，從草本到花香、果香，都可以做出不同的配方，故推薦給剛開始接觸單體的初學者。甲位大馬士革酮氣味強烈、於整體配方總量 0.1% 即有效果（低劑量適合修飾草本、木質），建議用量為整體配方的 0.1%~5%（整體配方 0.1% ＝ 甲位大馬士革酮 0.01g ＋其他精油 9.99g；整體配方 5% ＝ 甲位大馬士革酮 0.5g ＋其他精油 9.95g）。

表面氣味

8
●●●●●●●●

泡沫氣味

8
●●●●●●●●

肌膚氣味

8
●●●●●●●●

搭配建議

以下建議的原料皆可以加入較高的劑量,來與甲位大馬士革酮搭配。其他沒有提到的原料也可以與甲位大馬士革酮搭配,但不建議加入太高的劑量,需酌量添加。

玫瑰草、天竺葵、甜橙花、苦橙葉、MIAROMA月季玫瑰

鳶尾根複方

茉莉原精、伊蘭、白玉蘭葉、芳樟、花梨木、清茶複方、凡爾賽麝香複方、MIAROMA 月光素馨

佛手柑、甜橙、蒸餾萊姆、青檸萊姆複方、黃橘

蘇和香、安息香、天使麝香複方、祕魯香脂

冷杉、絲柏、杜松

紅檀雪松、維吉尼亞雪松、岩蘭草、廣藿香、咖啡、中國雪松、MIAROMA 白檀木

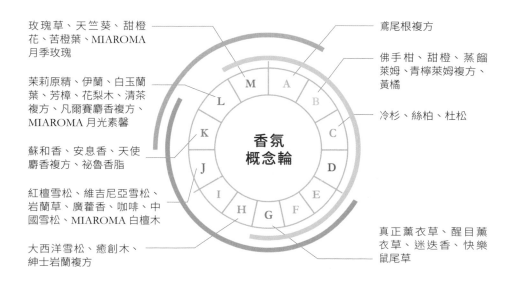

香氛概念輪

大西洋雪松、癒創木、紳士岩蘭複方

真正薰衣草、醒目薰衣草、迷迭香、快樂鼠尾草

示範配方 1

苦惱於錫蘭肉桂與老薑不好搭配的初學者,可以嘗試將錫蘭肉桂與甲位大馬士革酮相搭,直接將冷杉與錫蘭肉桂相搭,配方會顯得突兀,加入一點奶油蛋糕與大馬士革酮的果香,整體配方可以帶出聖誕樹的節慶氣息。

錫蘭肉桂	0.05g
老薑	0.05g
甲位大馬士革酮	0.2g
冷杉	5g
MIAROMA 白香草	5g

示範配方 2

低劑量的甲位大馬士革酮可以增加柑橘氣味的變化性。

佛手柑	4g
甜橙	6g
乙基麥芽酚	0.1g
甲位大馬士革酮	0.1g

示範配方 3

適合入皂的中性香水調配方。

甲位大馬士革酮	0.05g
鳶尾根複方	3g
紳士岩蘭複方	4g
天使麝香複方	3g

苯乙醇

英文名稱 Phenyl Ethyl Alcohol

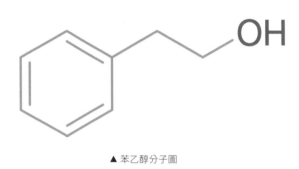

▲ 苯乙醇分子圖

表面氣味

5

●●●●●○○○

泡沫氣味

4

●●●●○○○○

肌膚氣味

2

●●○○○○○○○

苯乙醇是常用於調配玫瑰的單體之一，於調香中低量使用即能在整體香氣中呈現出花的粉感。入皂使用時，要注意加入高比例時會加速皂化（整體配方 10% 以上即能觀察到略加速皂化的情況），除了調製玫瑰外，也能用於增加柑橘、木質類的氣味豐富度，或是用於柔和分類 L、M 的精油原料。

苯乙醇也可以直接用麝香玫瑰香型的 MIAROMA 月季玫瑰替代，月季玫瑰單獨入皂效果即很好，但注意過高劑量，會容易蓋掉其他精油的特色。

搭配建議

以下建議的原料皆可以加入較高的劑量，來與苯乙醇搭配。其他沒有提到的原料也可以與苯乙醇搭配，但不建議加入太高的劑量，需酌量添加。

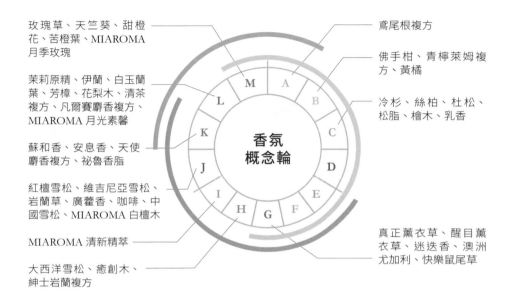

玫瑰草、天竺葵、甜橙花、苦橙葉、MIAROMA月季玫瑰

茉莉原精、伊蘭、白玉蘭葉、芳樟、花梨木、清茶複方、凡爾賽麝香複方、MIAROMA 月光素馨

蘇和香、安息香、天使麝香複方、祕魯香脂

紅檀雪松、維吉尼亞雪松、岩蘭草、廣藿香、咖啡、中國雪松、MIAROMA 白檀木

MIAROMA 清新精萃

大西洋雪松、癒創木、紳士岩蘭複方

香氛概念輪

鳶尾根複方

佛手柑、青檸萊姆複方、黃橘

冷杉、絲柏、杜松、松脂、檜木、乳香

真正薰衣草、醒目薰衣草、迷迭香、澳洲尤加利、快樂鼠尾草

示範配方 1

以苯乙醇來豐富木質精油的香氣，即使加入岩蘭草，也不需要擔心氣味過於突出，苯乙醇能柔和其氣味。

大西洋雪松	6g
岩蘭草	2g
苯乙醇	2g

示範配方 2

加入一點苯乙醇能夠讓常用精油配方的氣味增加變化性。

迷迭香	2g
真正薰衣草	7g
苯乙醇	1g

示範配方 3

簡單地用苯乙醇搭配「純香馥方系列」，就可以調製出能入皂也能稀釋當香水的配方。

苯乙醇	2g
紳士岩蘭複方	6g
天使麝香複方	2g

香氛
概念輪
M

甜橙花

英文名稱 Sweet Orange flower
拉丁學名 *Citrus Sinensis*

表面氣味
8
●●●●●●●●○○

泡沫氣味
7.5
●●●●●●●◑○○

肌膚氣味
6
●●●●●●○○

苦橙葉有窮人的橙花之稱，不過相比之下，甜橙花更適合這個稱呼。雖然價格較昂貴，但少量使用就能修飾香茅、檸檬香茅廉價的氣味，甚至還能夠調配出仿馬鞭草的氣味。

搭配建議

以下建議的原料皆可以加入較高的劑量，來與甜橙花搭配。其他沒有提到的原料也可以與甜橙花搭配，但不建議加入太高的劑量，需酌量添加。

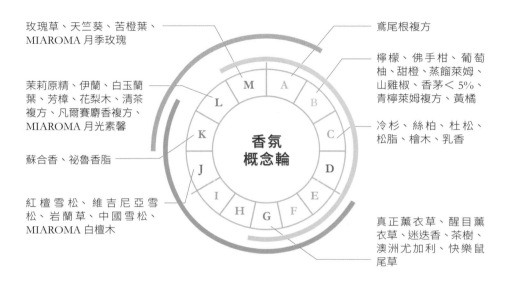

玫瑰草、天竺葵、苦橙葉、MIAROMA 月季玫瑰

茉莉原精、伊蘭、白玉蘭葉、芳樟、花梨木、清茶複方、凡爾賽麝香複方、MIAROMA 月光素馨

蘇合香、祕魯香脂

紅檀雪松、維吉尼亞雪松、岩蘭草、中國雪松、MIAROMA 白檀木

鳶尾根複方

檸檬、佛手柑、葡萄柚、甜橙、蒸餾萊姆、山雞椒、香茅＜ 5%、青檸萊姆複方、黃橘

冷杉、絲柏、杜松、松脂、檜木、乳香

真正薰衣草、醒目薰衣草、迷迭香、茶樹、澳洲尤加利、快樂鼠尾草

香氛概念輪

示範配方 1

仿檸檬馬鞭草氣味，此配方適合用於擴香、室內噴霧、液體皂、手工皂等。

山雞椒	4g
檸檬香茅	2g
甜橙	2g
玫瑰草	1g
甜橙花	0.3g
綠薄荷	0.1g
松脂	0.5g

示範配方 2

適量的甜橙花加入清茶複方、天使麝香複方，簡單即能模仿出市售橙花香水的配方。氣味較偏女性。

甜橙	1g
佛手柑	2g
天使麝香複方	2g
清茶複方	3g
甜橙花	2g

示範配方 3

簡易版市售橙花香水，整體氣味偏中性。

甜橙花	1g
清茶複方	3g
鳶尾根複方	1g
紳士岩蘭複方	5g

苦橙葉

英文名稱 Petitgrain
拉丁學名 *Citrus aurantium bigarade*

表面氣味

6

●●●●●●○○

泡沫氣味

6

●●●●●●○○

肌膚氣味

3.5

●●●◐○○○○○

苦橙葉在調香當中常用於男性、中性、柑橘古龍香氛中,用來帶出綠葉、折開嫩枝的氣味。

許多初學者認為苦橙葉的氣味不好調配,或是一貫的使用百搭的薰衣草、花梨木、芳樟,但這樣的配方卻也讓苦橙葉失去了特色,可以參考右頁示範配方 1 的搭配方式。

搭配建議

以下建議的原料皆可以加入較高的劑量,來與苦橙葉搭配。其他沒有提到的原料也可以與苦橙葉搭配,但不建議加入太高的劑量,需酌量添加。

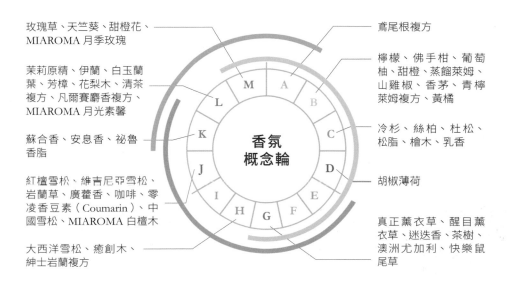

玫瑰草、天竺葵、甜橙花、MIAROMA 月季玫瑰

茉莉原精、伊蘭、白玉蘭葉、芳樟、花梨木、清茶複方、凡爾賽麝香複方、MIAROMA 月光素馨

蘇合香、安息香、祕魯香脂

紅檀雪松、維吉尼亞雪松、岩蘭草、廣藿香、咖啡、零凌香豆素(Coumarin)、中國雪松、MIAROMA 白檀木

大西洋雪松、癒創木、紳士岩蘭複方

鳶尾根複方

檸檬、佛手柑、葡萄柚、甜橙、蒸餾萊姆、山雞椒、香茅、青檸萊姆複方、黃橘

冷杉、絲柏、杜松、松脂、檜木、乳香

胡椒薄荷

真正薰衣草、醒目薰衣草、迷迭香、茶樹、澳洲尤加利、快樂鼠尾草

香氛概念輪

示範配方 1

簡易版的柑橘綠意古龍基底,以此配方為基底,可以再加入其他精油加以變化。

甜橙	1g
佛手柑	2g
苦橙葉	3g
紳士岩蘭複方	4g

示範配方 2

從配方 1 的基底中加入一些辛香、草本元素,調整為適合男性使用的刮鬍皂配方氣味。

示範配方 1	10g
丁香花苞	0.05g
沉香醇羅勒	0.2g
胡椒薄荷	0.05g
零凌香豆素	0.1g

示範配方 3

在配方 1 加入鳶尾根複方,並加入凡爾賽麝香,整體氣味會帶有嬰兒肌膚溫暖粉香,適合不喜歡茉莉或玫瑰香氣、偏愛中性花香的皂友。

示範配方 1	6g
鳶尾根複方	3g
凡爾賽麝香複方	1g

進階調香配方

在前面每篇原料介紹裡，提供了三款示範配方，目的是讓初學者熟悉原料的氣味與應用，並對於原料可搭配的香氣類型有基本認識，所以每種配方的原料以 3 ～ 5 種為主，讓手邊香氛原料不多的新手，也能夠調製出好聞、變化多的香氛配方。

而接下來則是提供給進階者更具主題性、更為多變的配方。因為使用的精油原料也更多一些，建議拉長陳香時間至一個月。

台灣茶系列

玫瑰紅茶

清茶複方	8g
甲位大馬士革酮	0.1g
苯乙醇	0.6g
波本天竺葵	0.3g
乙基麥芽酚	0.05g
零凌香豆素	0.1g
天使麝香複方	1g

Tips：
此香氛配方會略加速皂化、變色。

烏龍茶

清茶複方	4g
快樂鼠尾草	3.5g
植物油：松焦油	1g
癒創木	1g
鳶尾根複方	0.5g
零凌香豆素	0.1g
乙基麥芽酚	0.05g
岩蘭草	0.1g

經典綠茶

佛手柑	3.5g
鳶尾根複方	1g
清茶複方	4g
凡爾賽麝香複方	0.5g
紳士岩蘭複方	0.5g
零凌香豆素	0.5g

香水調配方

綠意柑橘

白松香	1g
青檸萊姆	6.4g
鳶尾根複方	1.5g
天使麝香複方	1g
乙基麥芽酚	0.2g

經典 19 號

佛手柑	3g
白松香	1g
鳶尾根複方	2g
凡爾賽麝香複方	2g
MIAROMA 白檀木	2g

莫希托

青檸萊姆複方	7.5g
綠薄荷	0.5g
鳶尾根複方	1g
天使麝香複方	1g

輕舞橘綠

檸檬	5g
甜橙	5g
鳶尾根複方	5g
凡爾賽麝香複方	5g
丁香	3 滴
紳士岩蘭複方	5g

延伸變化：
取「輕舞橘綠」9.95g ＋白松香 0.05g。

橘綠古龍

檸檬	3g
甜橙	1.5g
苦橙葉	0.5g
甜橙花	0.5g
鳶尾根複方	0.5g
紳士岩蘭複方	4g
天使麝香複方	0.5g

延伸變化：
取「橘綠古龍」9.95g ＋青檸萊姆複方 0.05g。

玫瑰系列

土耳其玫瑰

波本天竺葵	6.5g
玫瑰草	1g
苯乙醇	2g
甲位大馬士革酮	0.5g
丁香花苞	0.02g

Tips：
此香氛配方會略加速皂化、變色。

丁香花苞玫瑰香型

祕魯香脂	3.5g
丁香花苞	0.1g
土耳其玫瑰	4.4g
凡爾賽麝香複方	2g

凡爾賽玫瑰

土耳其玫瑰	7g
凡爾賽麝香複方	2g
甜橙	1.5g

常用精油變化

● 薰衣草

薰衣草戀人

土耳其玫瑰（見 p.163）	4.8g
真正薰衣草	3.2g

薰衣草之夢

醒目薰衣草	6.5g
凡爾賽麝香複方	3g
鳶尾根複方	0.5g

● 胡椒薄荷

夏日森林薄荷

青檸萊姆複方	5g
胡椒薄荷	2g
大西洋雪松	3g

薄荷汽水

青檸萊姆複方 或 蒸餾萊姆 6.3g＋山雞椒 0.7g	7g
胡椒薄荷	3g
乙基香草醛	0.1g

薄荷變奏 1

胡椒薄荷	4g
綠薄荷	2g
鳶尾根複方	1g
維吉尼亞雪松	3g

薄荷變奏 2

胡椒薄荷	84g
咖啡	1g
乙基麥芽酚	0.05g
乙基香草醛	0.05g

● 廣藿香

戀戀廣藿香

廣藿香	1.5g
祕魯香脂	3g
土耳其玫瑰（見 p.163）	3.2g
凡爾賽麝香複方	2g
乙基麥芽酚	0.1g
乙基香草醛	0.2g

廣藿香變奏

廣藿香	8.7g
咖啡精油	1g
乙基香草醛	0.2g
乙基麥芽酚	0.1g

● 柑橘精油

檸檬蘇打

檸檬	6g
山雞椒	1.5g
松脂	2.5g

延伸變化 1：
取「檸檬蘇打」9.9g ＋綠薄荷 0.1g。

延伸變化 2：
取「檸檬蘇打」9.5g ＋胡椒薄荷 0.5g。

延伸變化 2：
取「檸檬蘇打」9.95g ＋新鮮薑 0.05g。

香橙森林

檸檬	5g
萊姆	1g
鳶尾根複方	1g
大西洋雪松	3g

西西里佛手柑

佛手柑	7.5g
檸檬	2.9g
苦橙葉	3g
快樂鼠尾草	0.1g
山雞椒	0.1g

● 澳洲尤加利、藍膠尤加利

茶樹尤加利

茶樹	3g
澳洲尤加利	3g
甜茴香	0.5g
白玉蘭葉	1g
大西洋雪松	2g
綠薄荷	0.5g

Tips：
配方中的澳洲尤加利可以用藍膠尤加利替代。

木之尤加利

澳洲尤加利	3g
紅檀雪松	5g
松脂	2g
冷杉	1g

延伸變化 1：
取「木之尤加利」9.5g ＋綠薄荷 0.5g。

延伸變化 2：
取「木之尤加利」9.5g ＋冰片 0.1g。

延伸變化 3：
取「木之尤加利」9.5g ＋胡椒薄荷 1g。

延伸變化 4：
取「木之尤加利」9.5g ＋摩洛哥洋甘菊 2g。

● 香茅

香茅變奏

香茅	2g
山雞椒	1g
檸檬	3g
甜茴香	1g
真正薰衣草	1.5g
鳶尾根複方	1.5g

Tips：
如果不喜歡香茅的香氣，可以用檸檬香
茅替代。

● 替代檜木的純精油配方

檜木林之歌

岩蘭草	1.5g
維吉尼亞雪松	1.5g
新鮮薑	0.1g
樟腦迷迭香	0.2g
摩洛哥洋甘菊	0.5g
山雞椒	0.2g
大西洋雪松	2g
安息香	2.5g
松脂	1.5g

難調精油的搭配與變化

● 伊蘭

伊人玫瑰

真正薰衣草	2g
伊蘭	2g
土耳其玫瑰（請見 p.163）	3g
凡爾賽麝香複方	3g

典雅伊蘭

伊蘭	3g
白玉蘭葉	7g

● 甜茴香

綠意霍香

真正薰衣草	4g
甜茴香	0.5g
伊蘭	4g
戀戀廣霍香（請見 p.164）	1g

紳士薰衣草

佛手柑	1.5g
波本天竺葵	1.2g
真正薰衣草	3g
紳士岩蘭複方	3g
凡爾賽麝香複方	1.3g
丁香花苞	0.05g
甜茴香	0.02g
零凌香豆素	0.04g

● 中國官桂、錫蘭肉桂

香辛木質

中國官桂	1g
快樂鼠尾草	4g
紅檀雪松	4g
乙基麥芽酚	0.2g
乙基香草醛	0.5g

Tips：
含中國官桂與錫蘭肉桂
的香氛配方，會略加速
皂化及變色。

可樂

甜橙	2g
檸檬	3g
肉豆蔻	1g
錫蘭肉桂	1g
芫荽種子	0.5g
甜橙花	1g
蒸餾萊姆	1.3g
乙基香草醛	0.2g

辛香柑橘

錫蘭肉桂	1g
甜橙	3g
青檸萊姆複方	5.5g
乙基香草醛	0.05g
甜橙花	0.5g

● 熱帶羅勒、沉香醇羅勒

青檸羅勒

青檸萊姆複方	3g
佛手柑	1.5g
沉香醇羅勒	0.5g
苦橙葉	2g
紳士岩蘭複方	2g
天使麝香複方	1g

草本中性

沉香醇羅勒	0.1g
苦橙葉	0.8g
迷迭香	0.8g
岩蘭草	0.4g
丁香花苞	0.05g
醒目薰衣草	0.2g
苯乙醇	0.2g
清茶複方	6.5g
甜橙	1g

苦橙羅勒

熱帶羅勒	0.2g
白松香	0.4g
佛手柑	2g
摩洛哥洋甘菊	0.5g
苦橙葉	6.9g

● 苦橙葉

橙綠木質

甜橙	1g
苦橙葉	2.5g
中國雪松	3g
快樂鼠尾草	1g
乙基麥芽酚	0.2g
鳶尾根複方	1.5g
天使麝香複方	1g

青檸苦橙

苦橙葉	3g
岩蘭草	0.5g
青檸萊姆複方	4.5g
甜橙花	2g

覆蓋植物油氣味的香氛原料＆配方

可覆蓋「苦楝油」的精油原料與香氛配方：

1. 零凌香豆素（請見 p.124）

2. 乙基麥芽酚（請見 p.114）

3. 廣藿香變奏（請見 p.164）

可覆蓋「松焦油」的精油原料：

1. 乙基麥芽酚（請見 p.114）

2. 乙基香草醛（請見 p.132）

可覆蓋「紫草浸泡油」的精油原料與香氛配方：

1. 玫瑰系列配方（請見 p.163）

2. 苯乙醇（請見 p.156）

3. 甲位大馬士革酮（請見 p.154）

4. 薰衣草之夢（請見 p.164）

精油原料入皂後氣味評比

精油原料 \ 香氣評分	表面氣味	泡沫氣味	肌膚氣味	頁數
1　白松香	8	8	8	42
2　鳶尾根複方	8	8	8	44
3　丁香花苞	8	8	8	84
4　錫蘭肉桂	8	8	8	86
5　甲位大馬士革酮	8	8	8	154
6　熱帶羅勒	8	8	7	80
7　中國官桂	8	8	7	88
8　茉莉原精	8	7.5	6	140
9　甜橙花	8	7.5	6	158
10　冰片（龍腦）	8	7	7	78
11　綠薄荷	8	6	6.5	76
12　橡樹苔原精	7.5	6	6	110
13　大西洋雪松	7	7.5	5.5	104
14　紅檀雪松	7	7	5	116
15　甜茴香	7	7	3.5	82
16　零凌香豆素	7	5	7	124
17　麥芽酚／乙基麥芽酚	7	4.5	6	114
18　中國雪松	7	4.5	4.5	126
19　岩蘭草	6.5	5	5.5	118
20　香草醛／乙基香草醛	6	6.5	7	132
21　伊蘭	6	6	3.5	142

精油原料 \ 香氣評分	表面氣味	泡沫氣味	肌膚氣味	頁數
22 苦橙葉	6	6	3.5	160
23 青檸萊姆複方	6	6	3	60
24 清茶複方	6	5.5	5	146
25 凡爾賽麝香複方	6	5.5	5	148
26 岩玫瑰原精	6	5	6	112
27 香茅	6	5	3	58
28 蒸餾萊姆	5.5	6	1	54
29 廣藿香	5.5	4.5	4.5	120
30 松脂	5	5	1	68
31 咖啡	5	4.5	2.5	122
32 苯乙醇	5	4	2	156
33 波本天竺葵	4.5	5	2	152
34 紳士岩蘭複方	4.5	4.5	6	108
35 白玉蘭葉	4	6	3	144
36 玫瑰草 / 馬丁香	4	5	2	150
37 蘇合香	4	4	2.5	128
38 醒目薰衣草	4	4	2	94
39 胡椒薄荷	4	4	1.5	74
40 山雞椒	4	4	1.5	56
41 茶樹	4	3	1	98
42 澳洲尤加利	4	3	1	100
43 迷迭香	3.5	4	2	96
44 快樂鼠尾草	3.5	3	2	102

精油原料	香氣評分	表面氣味	泡沫氣味	肌膚氣味	頁數
45	祕魯香脂	3.5	2	2.5	138
46	乳香	3	3.5	1.5	72
47	絲柏	3	3.5	1.5	64
48	天使麝香複方	3	3	4.5	136
49	癒創木	3	3	2	106
50	真正薰衣草	3	3	2	92
51	老薑	3	2.5	1	90
52	佛手柑	3	2	2	48
53	安息香	3	1.5	2	130
54	新鮮薑	2.5	2.5	1	90
55	維吉尼亞雪松	2.5	2	2	116
56	花梨木	2.5	1	1	144
57	杜松漿果	2	2.5	1	66
58	檜木	2	2.5	1	70
59	甜橙	2	2	1	52
60	黃橘	2	2	1	-
61	保加利亞薰衣草	2	2	1	92
62	芳樟	2	1	1	144
63	冷杉	1.5	3	1	62
64	檸檬	1	2	1	46
65	葡萄柚	1	2	1	50
66	古巴香脂	1	1	1	112
67	古瓊香脂	1	1	1	112

註：評分數值為 1～8，數值 8 代表香氣最為明濃郁，數值 1 代表香氣最淡。

娜娜媽的香氛造型皂 & 冷製短時透明皂

娜娜媽公開 10 款好洗、好聞、好看的香氛皂配方，
讓每個人都能做出夢幻皂體、香氣迷人的經典手工皂。

特別收錄 13 款人氣冷製短時透明皂，
以油、鹼、水，就能製作出有如藝術品般的透亮皂體。

手工皂配方 DIY

固體皂三要素即為油脂、水分、氫氧化鈉,這三個要素的添加比例都有其固定的計算方法,只要學會基本的計算方法之後,便可以調配出適合自己的完美配方。

油脂的計算方式

製作手工皂時,因為需要不同油脂的功效,添加的油品眾多,必須先估算成品皂的 INS 硬度,讓 INS 值落在 120 ～ 170 之間,做出來的皂才會軟硬度適中,如果超過此範圍,可能就需要重新調配各油品的用量。

各種油品的皂化價 & INS 值

油脂	皂化價	INS	油脂	皂化價	INS
椰子油	0.19	258	蘆薈油	0.139	97
棕櫚核仁油	0.156	227	蓖麻油	0.1286	95
可可脂	0.137	157	榛果油	0.1356	94
綿羊油	0.1383	156	開心果油	0.1328	92
白棕櫚油	0.142	151	杏桃核仁油	0.135	91
牛油	0.1405	147	棉籽油	0.1386	89
芒果脂	0.1371	146	芝麻油	0.133	81
棕櫚油	0.141	145	羊毛油	0.063	77
豬油	0.138	139	米糠油	0.128	70
澳洲胡桃油	0.139	119	葡萄籽油	0.1265	66
乳油木果脂	0.128	116	大豆油	0.135	61
白油	0.136	115	小麥胚芽油	0.131	58
橄欖油	0.134	109	芥花油	0.1241	56
苦茶油	0.1362	108	月見草油	0.1357	30
山茶花油	0.1362	108	夏威夷果油	0.135	24
酪梨油	0.1339	99	玫瑰果油	0.1378	19
甜杏仁油	0.136	97	荷荷芭油	0.069	11

> 成品皂 INS 值＝
> （A 油重 × A 油脂的 INS 值） ＋
> （B 油重 × B 油脂的 INS 值） ＋……÷ 總油重

我們以「薰衣草漸層皂」的配方（見 p.192）為例，配方中包含椰子油 60g、橄欖油 120g、棕櫚油 120g、甜杏仁油 100g，總油重為 400g，其成皂的 INS 值計算如下：

（椰子油 60g×258） ＋（橄欖油 120g×109） ＋（棕櫚油 120g×145） ＋（甜杏仁油 100g×97）÷ 總油重 ＝ 55660÷400 ＝ 139.15g →四捨五入即為 139g。

氫氧化鈉的計算方式

估算完 INS 值之後，便可將配方中的每種油脂重量乘以皂化價後相加，計算出製作固體皂時的氫氧化鈉用量，計算公式如下：

> 氫氧化鈉用量＝
> （A 油重 × A 油脂的皂化價） ＋
> （B 油重 × B 油脂的皂化價） ＋……

我們以「薰衣草漸層皂」的配方（見 p.192）為例，配方中包含椰子油 60g、橄欖油 120g、棕櫚油 120g、甜杏仁油 100g，總油重為 400g，其氫氧化鈉的配量計算如下：

（椰子油 60g×0.19） ＋（橄欖油 120g×0.134） ＋（棕櫚油 120g×0.141） ＋（甜杏仁油 100g×0.136） ＝ 11.4 ＋ 16.08 ＋ 16.92 ＋ 13.6 ＝ 58g。

水分的計算方式

算出氫氧化鈉的用量之後，即可推算溶解氫氧化鈉所需的水量，也就是「水量＝氫氧化鈉的 2.4 倍」來計算。以上述例子來看，58g 的氫氧化鈉，溶鹼時必須加入 58g×2.4 ＝ 139g 的水。

工具介紹

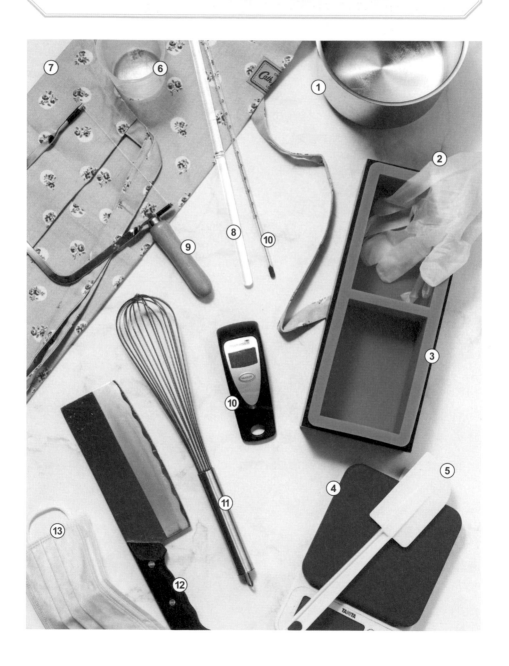

❶ 不鏽鋼鍋

一定要選擇不鏽鋼材質，切忌使用鋁鍋。需要兩個，分別用來溶鹼和融油，若是新買的不鏽鋼鍋，建議先以醋洗過，或是以麵粉加水揉成麵糰，利用麵糰帶走鍋裡的黑油，避免打皂時融出黑色屑屑。

❷ 手套

鹼液屬於強鹼，在打皂的過程中，需要特別小心操作，戴上手套、穿上圍裙，避免鹼液不小心濺出時，對皮膚或衣服造成損害。

❸ 模具

各種形狀的矽膠模或塑膠模，可以讓手工皂更有造型，若是沒有模具，可以用洗淨的牛奶盒來替代，需風乾之後再使用，並特別注意不能選用裡側為鋁箔材質的紙盒。

❹ 電子秤

最小測量單位 1g 即可，用來測量氫氧化鈉、油脂和水分。

❺ 刮刀

一般烘焙用的刮刀即可。可以將不鏽鋼鍋裡的皂液刮乾淨，減少浪費。在做分層入模時，可以協助緩衝皂液入模，讓分層更容易成功。

❻ 量杯

用來放置氫氧化鈉，全程必須保持乾燥，不能有水分。選擇耐鹼塑膠或不鏽鋼材質皆可。

❼ 圍裙

鹼液屬於強鹼，在打皂的過程中，需要特別小心操作，戴上手套、穿上圍裙，避免鹼液不小心濺出時，對皮膚或衣服造成損害。

❽ 玻璃攪拌棒

用來攪拌鹼液，需有一定長度，大約 30cm 長、直徑 1cm 者使用起來較為安全，操作時較不會不小心觸碰到鹼液。

❾ 線刀

線刀是很好的切皂工具，價格便宜，可以將皂切得又直又漂亮。

❿ 溫度槍或溫度計

用來測量油脂和鹼液的溫度，若是使用溫度計，要注意不能將溫度計當作攪拌棒使用，以免斷裂。

⓫ 不鏽鋼打蛋器

用來打皂、混合油脂與鹼液，一定要選擇不鏽鋼材質，才不會融出黑色屑屑。

⓬ 菜刀

一般的菜刀即可，厚度越薄越好切皂。最好與做菜用的菜刀分開使用。

⓭ 口罩

氫氧化鈉遇到水時，會產生白色煙霧以及刺鼻的味道，建議戴上口罩防止吸入。

冷製皂基本作法
STEP BY STEP

A 準備

1　請在工作檯鋪上報紙或是塑膠墊，避免傷害桌面，同時方便清理。戴上手套、護目鏡、口罩、圍裙。

　　Tip　請先清理出足夠的工作空間，以通風處為佳，或是在抽油煙機下操作。

B 融油

2　電子秤歸零後，將配方中的軟油和硬油分別測量好，並將硬油放入不鏽鋼鍋中加溫，等硬油融解後再倒入軟油，可以同時降溫，並讓不同油脂充分混合。（硬油融解後就可關火，不要加熱過頭喔！）

C 測量

3　依照配方中的分量，測量氫氧化鈉和冰塊（或母乳、牛乳）。水需先製成冰塊再使用，量完後置於不鏽鋼鍋中備用。

　　Tips1　用量杯測量氫氧化鈉時，需保持乾燥不可接觸到水。

　　Tips2　將要做皂的水製成冰塊再使用，可降低製作時的溫度。建議做皂前一星期先製冰，冰塊較硬、溶解速度慢，融鹼時的升溫效果也較慢。

D 溶鹼

4　將氫氧化鈉分 3 ～ 4 次倒入冰塊或乳脂冰塊中，並用攪拌棒不停攪拌混合，速度不可以太慢，避免氫氧化鈉黏在鍋底，直到氫氧化鈉完全融於水中，看不到顆粒為止。

5　若不確定氫氧化鈉是否完全溶解，可以使用篩子過濾。

Tips1　攪拌時請使用玻璃攪拌棒或是不鏽鋼長湯匙，切勿使用溫度計攪拌，以免斷裂造成危險。

Tips2　若此時產生高溫及白色煙霧，請小心避免吸入。

E 混合

6　當鹼液溫度與油脂溫度維持在 35℃ 之下，且溫差在 10℃ 之內，便可將油脂倒入鹼液中。

Tips　若是製作乳皂，建議調和溫度在 35℃ 以下，顏色會較白皙好看。

7 用不鏽鋼打蛋器混合攪拌,順時針或逆時針皆可,持續攪拌 25 ～ 30 分鐘(視攪拌的力道及配方)。

Tips1 剛開始皂化反應較慢,但隨著攪拌時間越久會越濃稠,15 分鐘之後,可以歇息一下再繼續。

Tips2 如果攪拌次數不足,可能導致油脂跟鹼液混合不均勻,而出現分層的情形(鹼液都往下沉到皂液底部)。

Tips3 若是使用電動攪拌器,攪拌只需約 3 ～ 5 分鐘。不過使用電動攪拌器容易混入空氣而產生氣泡,入模後需輕敲模子來清除氣泡。

8 不斷攪拌後,皂液會漸漸像沙拉醬般濃稠,整個過程約需 25 ～ 60 分鐘(視配方的不同,攪拌時間也不一定)。試著在皂液表面畫 8,若可看見字體痕跡,代表濃稠度已達標準。

9 加入精油或其他添加物 ,再攪拌約 300 下,直至均勻即可。

10 將皂液入模,入模後可放置於保麗龍箱保溫 1 天,冬天可以放置 3 天後再取出,避免溫差太大產生皂粉。

H 脫模

11 放置約 3 ～ 7 天後即可脫模，若是皂體還黏在模子上可以多放幾天再脫模。

12 脫模後建議再置於陰涼處風乾 3 天，等表面都呈現光滑、不黏手的狀態再切皂，才不會黏刀。

13 將手工皂置於陰涼通風處約 4 ～ 6 週，待手工皂的鹼度下降，皂化完全後才可使用。

Tips1 請勿放於室外晾皂，因室外濕度高，易造成酸敗，也不可以曝曬於太陽下，否則容易變質。

Tips2 製作好的皂建議用保鮮膜單顆包裝，防止手工皂反覆受潮而變質。

娜娜媽小叮嚀

1. 因為鹼液屬於強鹼，從開始操作到清洗工具，請全程穿戴圍裙及手套，避免受傷。若不小心噴到鹼液、皂液，請立即用大量清水沖洗。

2. 使用過後的打皂工具建議隔天再清洗，置放一天後，工具裡的皂液會變成肥皂般較好沖洗。同時可觀察一下，如果鍋中的皂遇水後是渾濁的（像一般洗劑一樣），就表示成功了；但如果有油脂浮在水面，可能是攪拌過程中不夠均勻喔！

3. 打皂用的器具與食用的器具，請分開使用。

4. 手工皂因為沒有添加防腐劑，建議一年內使用完畢。

薄荷備長炭皂

以黑色皂液搭配藍綠色的透明皂，做出這款好像有陽光透進來感覺的皂款。
放入透明皂前，需將皂液打至 Trace，透明皂條比較不易傾倒。

精油配方 1 中，以松脂（或是以帶點熱帶柑橘香氣的青檸萊姆複方替代）
搭配上胡椒薄荷，配方中的大西洋雪松可加可不加，用意是加強沐後的肌
膚表現。

精油配方 2 中，鳶尾根複方很適合用來搭配胡椒薄荷，讓它的香氣變得好
聞，而非一聞就想到百靈油之類的產品，加入一些綠薄荷可增加薄荷的氣
味豐富度。

材料	油脂（總油重400g）		精油配方1： 夏日森林薄荷		鳶尾根複方	1g
	椰子油	100g			維吉尼亞雪松	3g
	棕櫚油	100g	松脂	5g		
	酪梨油	140g	胡椒薄荷	2g	**添加物**	
	甜杏仁油	60g	大西洋雪松	3g	備長炭粉 7～10 公克	
					透明皂	適量
	鹼液		精油配方2： 薄荷變奏			
	氫氧化鈉	60g			**INS 硬度**	
	純水冰塊	144g	胡椒薄荷	4g	150	
		（2.4倍）	綠薄荷	2g		

作法

A 打皂

1　將透明皂切成長型的片狀備用。

2　請見 p.178「冷製皂基本作法」，進行至步驟 8。

3　加入精油配方 1 或精油配方 2，再攪拌約 300 下，直至均勻即可。

4　加入備長炭粉，攪拌均勻。

B 入模

5　將皂液倒入飲料紙盒中，大約七分滿的高度。

6　將透明皂輕輕放入後，再將剩餘皂液倒入並蓋住透明皂。

C 脫模

7　脫模方式請見 p.181「冷製皂基本作法」的步驟 11～13。

Tip 如果想要讓透明皂的部分保持透明度，切皂後用保鮮膜或真空袋包覆後再進行晾皂。

個性點點皂

讓點點控愛不釋手的一款皂，利用剩下的白色皂邊，搓成圓柱形加入，作為皂中皂。

精油配方 1 中的「香辛木質」，帶有節慶的辛辣與甜香，特別適合活潑的點點造型。不過此配方含有高劑量的中國官桂，容易使皂液變色，故建議添加在像此款皂的備長炭皂液中，較不會影響皂色。

精油配方 2 呈現濃郁而柔和的香氣，廣藿香的果香與酒香在配方中被土耳其玫瑰與凡爾賽麝香複方完美的呈現出來。此精油配方含有廣藿香與乙基香草醛，會導致成皂變色，故不宜添加在淺色皂款中。

材料

油脂

椰子油	80g
棕櫚油	140g
甜杏仁油	80g
澳洲胡桃油	100g

鹼液

氫氧化鈉	60g
純水冰塊	144g
	（2.4 倍）

精油配方 1：香辛木質

中國官桂	1g
快樂鼠尾草	4g
紅檀雪松	4g
乙基麥芽酚	0.2g
乙基香草醛	0.5g

精油配方 2：戀戀廣藿香

廣藿香	1.5g
祕魯香脂	3g
凡爾賽麝香複方	2g
乙基麥芽酚	0.1g
乙基香草醛	0.2g
土耳其玫瑰	3.2g
	（p.163）

添加物

備長炭粉 7 ～ 10 公克	
白色皂條	適量

INS 硬度

152

作法

A 打皂

1. 將皂條搓成圓柱狀備用。
2. 請見 p.178「冷製皂基本作法」，進行至步驟 9。
3. 加入精油配方 1 或精油配方 2，再攪拌約 300 下，直至均勻即可。
4. 加入備長炭粉，攪拌均勻。

B 入模

5. 將黑色皂液倒入飲料紙盒中，再收皂條隨興放入。

C 脫模

6. 脫模方式請見 p.181「冷製皂基本作法」的步驟 11 ～ 13。

木質森林舒緩洗髮皂

質樸的木紋造型，讓人彷彿漫步在山林間。精油配方 1 中的「檜木林之歌」，為替代檜木的純精油配方。喜歡洗髮皂有涼感的皂友，可以另外添加整體比例 1 ～ 2% 的胡椒薄荷精油，切忌太高比例以免破壞整體和諧。

精油配方 2 的柑橘氣味能舒緩一天的疲勞、放鬆緊繃的頭皮，配方中的鳶尾根複方柔和了萊姆過於強烈的氣味，也讓大西洋雪松不至於搶了柑橘香氣的風采。

材料

油脂（總油重 400g）

椰子油	120g
棕櫚油	100g
苦茶油	100g
杏桃核仁油	80g

鹼液

氫氧化鈉	61g
純水冰塊 146g（2.4倍）	

精油配方 1：檜木林之歌

岩蘭草	1.5g
維吉尼亞雪松	1.5g
新鮮薑	0.1g
樟腦迷迭香	0.2g
摩洛哥洋甘菊	0.5g
山雞椒	0.2g
大西洋雪松	2g
安息香	2.5g
松脂	1.5g

精油配方 2：香橙森林

檸檬	5g
蒸餾萊姆	1g
鳶尾根複方	1g
大西洋雪松	3g

添加物

何首烏粉	15g
備長炭粉	0.5g

INS 硬度

159

作法

A
打皂

1　請見 p.178「冷製皂基本作法」，進行至步驟 9。

2　加入精油配方 1 或精油配方 2，再攪拌約 300 下，直至均勻即可。

3　準備四個紙杯或容器，各倒入 100g 的皂液，並分別加入 1、3、5g 的何首烏粉，最後一杯加入 7g 何首烏粉與 0.5g 的備長炭粉，攪拌混合均勻，調和成四杯由淺至深的皂液。

> **Tip** 建議使用微量秤精準測量出色粉，可讓皂液層次更加明顯好看。

4　將四杯調好色的漸層皂液由淺至深隨意的倒入原色皂液（約 200g）中，再用竹籤勾勒出線條。

B
入模

5　將皂液倒入模型中，鋪一層在模型底部。

6　用竹籤再度勾勒出皂液線條，再倒入模型中，反覆 5、6 的步驟，直到全部皂液倒入皂模。

C
脫模

7　脫模方式請見 p.181「冷製皂基本作法」的步驟 11 ～ 13。

夢幻渲染皂

豐富的渲染皂色彩，如夢似幻，適合加入「薰衣草之夢」精油配方。舒爽的醒目薰衣草與層次豐富的鳶尾根複方，搭配上凡爾賽麝香複方，是一款適合夜晚、安撫情緒的香氛配方。

精油配方 2 的「橘綠古龍」是中性香水調香氛，豐富的渲染皂色彩，沒有性別之分。配方中帶有層次感的柑橘香氛，搭配上沉靜的紳士岩蘭複方，適合用來在喧鬧的白日後平復心情、恢復活力。精油配方 3 是參考香氛概念輪中的真正薰衣草所建議的搭配精油，並參考氣味表現調和而成，是一款寧靜、安撫放鬆的複方香氛。

材料

油脂

椰子油	80g
橄欖油	80g
棕櫚油	120g
榛果油	120g

鹼液

氫氧化鈉	59g
純水冰塊	142g
	（2.4 倍）

INS 硬度

145

添加物

粉色色粉	1 ～ 2g
綠色色粉	2g

**精油配方 1：
薰衣草之夢**

醒目薰衣草	6.5g
凡爾賽麝香	3g

**精油配方 2：
橘綠古龍**

檸檬	3g
甜橙	1.5g
苦橙葉	0.5g
甜橙花	0.5g

鳶尾根	0.5g
紳士岩蘭複	4g
天使麝香複方	0.5g

精油配方 3

十倍甜橙	4g
苦橙葉	1g
真正薰衣草	3g
甜橙花	2g
廣藿香	0.5g
岩蘭草	0.2g

作法

**A
打皂**

1　請見 p.178「冷製皂基本作法」，進行至步驟 9。

2　加入精油配方 1 或精油配方 2，再攪拌約 300 下，直至均勻即可。

3　將原色皂液平均分成 5 等分，每一份約 120 公克，分別加入粉色、桃色、淺綠、綠色色粉，攪拌均勻後，裝入塑膠袋並綁緊（原色皂液不用裝入袋中）。

5　先將原色皂液全部倒入模型中。將有色皂液的袋角剪一個小洞，輕輕擠壓袋身，分別將各個顏色皂液斜淋在原色皂液上。

6　將四色皂液反覆斜線交錯入模，直到皂液全部入模。

Tip 入模時動作要快，以免皂液太稠。

快速入模法

如果覺得上述作法較為繁複，可試試直接將顏色皂液隨興加入原色皂液裡，再沿著模型邊緣倒入。

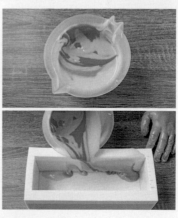

C
脫模

7　脫模方式請見 p.181「冷製皂基本作法」的步驟 11～13。

薰衣草之夢漸層皂

要做出層次自然的漸層皂，重點在於將皂液反覆調色、入模，製造的層數夠多時，層與層之間的界限才會自然融和，做出漂亮的分層皂。這一款漸層皂就是用 30 多層皂液堆疊出來的呢！

深深淺淺的紫色，搭配上「薰衣草之夢」精油配方，柔軟的麝香與鳶尾根，加上具安撫印象的薰衣草香氣，讓香氣與色彩得到絕佳的搭配。

薰衣草只適合女性與小朋友嗎？適合男性的「紳士薰衣草」香水調香氛，以甜茴香與丁香花苞活潑的氣味搭配複方精油，相輔相成。配方中的精油種類較多，建議拉長陳香靜置的時間（最少一個月），此款香氛氣味持久宜人，值得等待。精油配方 3 以微量的單體平衡整體氣味，並讓整體氣味更和諧、加強入皂氣味表現。

材料

油脂

椰子油	60g
橄欖油	120g
棕櫚油	120g
甜杏仁油	100g

鹼液

氫氧化鈉	58g
純水冰塊	139g
	（2.4 倍）

添加物

紫色色粉 2g

INS 硬度

139

精油配方 1：薰衣草之夢

醒目薰衣草	6.5g
凡爾賽麝香複方	3g
鳶尾根複方	0.5g

精油配方 2：紳士薰衣草

佛手柑	1.5g
波本天竺葵	1.2g
真正薰衣草	3g
紳士岩蘭複方	3g
凡爾賽麝香複方	1.3g
丁香花苞	0.5g
甜茴香	0.2g
零凌香豆素	0.4g

精油配方 3

伊蘭	4g
真正薰衣草	4g
苯乙醇	0.5g
甜茴香	0.1g
大西洋雪松	2g

作法

A
打皂

1　請見 p178「冷製皂基本作法」，進行至步驟 9。

2　加入精油配方 1 或精油配方 2，再攪拌約 300 下，直至均勻即可。

3　取出 150g 的皂液並加入紫色色粉，攪拌均勻。

B
入模

4　將紫色皂液沿著模型邊緣倒入（由左至右倒入一次即可）。

5　將一匙原色皂液加入紫色皂液中，攪拌均勻，同步驟 4 方式倒入模型中。

6　重複步驟 4、5，將一匙原色皂液加入紫色皂液中並攪拌均勻後，再沿著模型邊緣倒在同一處，直到將皂模填滿，就能形成美麗的漸層感。

C
脫模

7　脫模方式請見 p.181「冷製皂基本作法」的步驟 11 ～ 13。

雙色羽毛渲染皂

甘甜的綠茶香氣餘韻悠遠，此香氛配方強度雖然不如烏龍茶的厚重、玫瑰紅茶的甜美，但整體氣味內斂而優雅，想體驗沐浴時緩緩釋放的茶香，洗滌白日的喧囂疲憊，這款香氛再適合不過了。精油配方 2 的「檸檬馬鞭草」，是以檸檬香茅搭配分類 M 的原料所調配而成，清淡的檸檬香氣、帶有些微的青草芳香，舒服自然又清新。

材料

油脂

橄欖油	80g
棕櫚油	120g
棕櫚核仁油	100g
澳洲胡桃油	100g

鹼液

氫氧化鈉	57g
純水冰塊	137g
	（2.4 倍）

INS 硬度

152

添加物

藍色色粉	1g
二氧化鈦	2g
紫色色粉	1g

**精油配方 1：
經典綠茶**

佛手柑	3.5g
鳶尾根複方	1g
清茶複方	4g
凡爾賽麝香複方	0.5g
紳士岩蘭複方	0.5g
零凌香豆素	0.05g

**示範配方 2：
檸檬馬鞭草**

山雞椒	4g
檸檬香茅	2g
甜橙	2g
玫瑰草	1g
甜橙花	0.3g
綠薄荷	0.1g
松脂	0.5g

作法

**A
打皂**

1　請見 p.178「冷製皂基本作法」，進行至步驟 9。

2　加入精油配方，再攪拌約 300 下，直至均勻即可。

3　取出 100g 的皂液共四杯，分別加入二氧化鈦、紫色色粉、藍色色粉、淺藍色色粉，分別將四杯攪拌均勻。

**B
入模**

4　將白色皂液倒入模型中。

5　將深藍色皂液倒在模型的正中央，呈一長條狀。再將紫色、淡藍色皂液倒在同樣的位置上。

　　Tip 將紙杯捏折成尖嘴狀，讓皂液更易倒入。

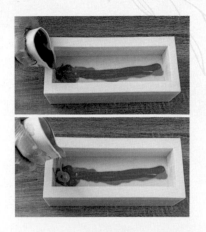

6　利用竹籤沿著模型的長邊邊緣，以弓字形勾勒出線條。

7　以同樣方式再沿著模型短邊邊緣，以弓字形勾勒出線條。

8　最後一次再沿著模型長邊邊緣，以弓字形勾勒出線條，美麗細緻的羽毛紋路就出現了。

....

C
脫模

9　脫模方式請見 p.181「冷製皂基本作法」的步驟 11 ～ 13。

天使羽翼渲染皂

美麗的羽毛花紋，彷彿骨瓷杯上精緻的彩繪。搭配上浪漫的「玫瑰紅茶」香氣，一場私密的約會，就在香氛中緩緩隨著洗浴時的蒸氣拉開序幕。

精油配方 2「輕舞橘綠」香氛，層次豐富的柑橘、鳶尾根與優雅的木質底調，帶來輕盈的香氣，就像是羽毛般在香氣中緩緩的舒展開來。精油配方 3 中的快樂鼠尾草，在此配方中扮演銜接花香、木質、草本香氣味的角色。

材料

油脂
棕櫚油	140g
棕櫚核仁油	100g
杏桃核仁油	160g

鹼液
氫氧化鈉	57g
純水冰塊	137g
（2.4 倍）	

INS 硬度
144

添加物
粉橘色粉	1g
二氧化鈦	2g
金色色粉	1g

精油配方 1：玫瑰紅茶
清茶複方	8g
甲位大馬士革酮	0.1g
苯乙醇	0.6g
波本天竺葵	0.3g
乙基麥芽酚	0.05g
零凌香豆素	0.1g
天使麝香複方	1g

精油配方 2：輕舞橘綠
檸檬	5g
甜橙	5g
鳶尾根複方	1g
凡爾賽麝香複方	1g
丁香	3 滴
紳士岩蘭複方	5g

精油配方 3
樟腦迷迭香	4g
快樂鼠尾草	3g
甜橙花	1g
大西洋雪松	2g

作法

A
打皂

1　請見 p.178「冷製皂基本作法」，進行至步驟 9。

2　加入精油配方 1 或精油配方 2，再攪拌約 300 下，直至均勻即可。

3　取出 100g 的皂液共 2 杯，分別加入二氧化鈦與金色色粉，攪拌均勻。

4　將粉橘色粉加入剩下的原色皂液中，攪拌均勻。

B
入模

5　將粉橘皂液倒入模型中。

6　將白色皂液倒在模型的正中央，呈一長條狀。再將金色皂液倒在白色皂液上。

　　Tip 將紙杯捏折成尖嘴狀，讓皂液更易倒入。

7　利用竹籤以 Z 字形勾勒出線條，再從對角線劃過，形成美麗的紋路。

C
脫模

8　脫模方式請見 p.181「冷製皂基本作法」的步驟 11 ～ 13。

橘綠漸層沐浴皂

此款雙色漸層造型，彷彿蔚藍海岸線上緩降的落日餘暉，配搭上精油配方 2 的「橙綠木質」香氣是再適合不過了，濃郁的柑橘與木質些微的煙燻氣息，讓整體特色鮮明、活潑中不失沉穩。精油配方 1 的「典雅伊蘭」，以悠遠持香的白玉蘭葉搭配上濃郁的伊蘭。

材料

油脂

椰子油	80g
橄欖油	80g
棕櫚油	120g
山茶花油	80g
乳油木果脂	40g

鹼液

氫氧化鈉	59g
純水冰塊 142g（2.4倍）	

精油配方1：典雅伊蘭

伊蘭	3g
白玉蘭葉	7g

精油配方2：橙綠木質

甜橙	1g
苦橙葉	2.5g
中國雪松	3g
快樂鼠尾草	1g
乙基麥芽酚	0.2g
鳶尾根複方	1.5g
天使麝香複方	1g

添加物

粉橘色粉	2g
粉綠色粉	2g

INS 硬度

150

作法

A
打皂

1　請見 p.178「冷製皂基本作法」，進行至步驟 9。

2　加入精油配方，再攪拌約 300 下，直至均勻即可。

3　將皂液分成 2 杯各 120 公克，分別加入粉橘色粉、粉綠色粉並攪拌均勻。原色皂液 360 公克。

B
入模

4　先將粉橘皂液沿著模型邊緣倒入。

5　將一匙原色皂液加入粉橘皂液中，攪拌均勻，再沿著模型邊緣倒入（由左至右倒入一次）。

6　重複步驟 5 的動作，直到粉橘皂液完全倒入模型中。

7　將粉綠皂液沿著模型邊緣倒入（由左至右倒入一次）。

8　將一匙原色皂液加入粉綠皂液中，攪拌均勻，再沿著模型邊緣倒入。

9　重複步驟 8 的方式，直到粉綠皂液完全倒入模型中，就會出現雙色漸層。

C
脫模

10　脫模方式請見 p.181「冷製皂基本作法」的步驟 11 ～ 13。

森林意像沐浴皂

精油配方 1 的「青檸羅勒」，以羅勒、苦橙鮮明的氣味印象，搭配上森林主題再適合不過，但兩者都是初學者覺得不好搭配的精油，不妨試試此款青檸羅勒配方，沉穩帶點新芽嫩枝的草本綠意氣息。

調和香茅的氣味最快的方式，就是找與其氣味強度差不多的原料，可試試精油配方 2 的「香茅變奏」。僅用甜茴香與香茅，會讓整體氣味聞起來太有食物感，所以加入一點鳶尾根複方讓香氣偏向香水調。如果不喜歡香茅氣味可以捨棄，並將劑量加到山雞椒中。

材料

油脂

米糠油	40g
椰子油	80g
棕櫚油	120g
榛果油	60g
澳洲胡桃油	100g

鹼液

氫氧化鈉	59g
純水冰塊	142g
	（2.4 倍）

INS 硬度

146

添加物

藍色色粉	1g
紫色色粉	1g
綠色色粉	1g
金色色粉	1g
備長炭粉	1g

精油配方 1：青檸羅勒

青檸萊姆	3g
佛手柑	1.5g
沉香醇羅勒	0.5g
苦橙葉	2g
紳士岩蘭複方	2g
天使麝香複方	1g

精油配方 2：香茅變奏

香茅	2g
山雞椒	1g
檸檬	3g
甜茴香	1g
真正薰衣草	1.5g
鳶尾根複方	1.5g

精油配方 3

松脂	3g
茶樹	1g
冷杉	4g
檜木林之歌	2g
	（p.166）

作法

A 打皂

1 請見 p.178「冷製皂基本作法」，進行至步驟 9。

2 加入精油配方，再攪拌約 300 下，直至均勻即可。

3 取出 120g 的皂液共五杯，分別加入備長炭粉、紫色、藍色、綠色、金色色粉，分別攪拌均勻。

4　分別將各色皂液倒入原色皂液中，形成一圈圈圓形。

B
入模

5　將皂液倒入圓形小模中。

6　重複步驟 4、5，直到全部皂液入模。

7　最後倒入一層透明皂液，增添造型變化（也可省略）。透明皂作法請見 p.216。

C
脫模

8　脫模方式請見 p.181「冷製皂基本作法」的步驟 11 ～ 13。

皂友分享

一直很喜歡娜娜媽揮灑自如的作品，那種大師級的氣概，瀰漫在每一款皂裡。舉凡打皂、切皂等工序，都能讓我在製作過程中得到心靈安定，有所寄託。

購買娜娜媽的幾本手工皂書，都深獲啟蒙，跟著娜媽的經驗分享，依樣摸索學習。後來開始透過網路，上起線上課程，進而鼓起勇氣、懷著忐忑的心，到工作室與娜娜媽面對面上課，而在此之前，我也累積打皂 30 鍋以上的記錄了。

和娜娜媽一起學習、和同學一起打皂、切皂，共相互扶持鼓勵的感覺真好，切皂時的喜悅、驚喜與成就，更是難以言喻，這些就是手工皂讓人無可自拔的魅力吧！

皂友——黃曉媄

黑白大理石皂

精油配方 1 的「烏龍茶」香氛雖然材料較多，需要陳香的時間也較久（至少一個月），但喜歡台灣茶系列的皂友，一定要試試看，溫暖的煙燻繚繞帶著微苦帶甘的茶香，細細一品還有鳶尾特殊的堅果與綠意。

精油配方 2 的「可樂」香氣，不需要香精，利用幾款精油也能自己調製出。需注意此款配方含較高劑量的錫蘭肉桂，會導致微微加速皂化外，也會讓成皂變色，故建議加入深色皂液。

材料

油脂

椰子油	80g
棕櫚油	80g
乳油木果脂	40g
榛果油	100g
甜杏仁油	100g

鹼液

氫氧化鈉	59g

純水冰塊 142g（2.4倍）

精油配方 1：烏龍茶

清茶複方	4g
快樂鼠尾草	3.5g
植物油：松焦油	1g
癒創木	1g
鳶尾根複方	0.5g
零凌香豆素	0.1g
乙基麥芽酚	0.05g
岩蘭草	0.1g

精油配方 2：可樂

甜橙	2g
檸檬	3g
肉豆蔻	1g
錫蘭肉桂	1g
芫荽種子	0.5g
甜橙花	1g
蒸餾萊姆	1.3g
乙基麥芽酚	0.2g

添加物

二氧化鈦	3g
綠色色粉	3g
金色色色	3g
備長炭粉	3g

INS 硬度

140

作法

A
打皂

1　請見 p.178「冷製皂基本作法」，進行至步驟 9。

2　加入精油配方，再攪拌約 300 下，直至均勻即可。

3　取出 100g 的皂液共三杯，分別加入二氧化鈦（須先加入 3g 水調和）、綠色色粉、金色色色，攪拌均勻。原色皂液裡加入備長炭粉攪拌均勻。

4 　將白色皂液、綠色皂液、金
　　色皂液如圖示，淋在黑色皂
　　液上。

5 　如圖示，用竹籤勾勒出 Z 字
　　形。

B
入模

6 　將皂液倒入模型中，大約 2/3
　　的面積。

7 　再從另一邊將皂液倒入至等
　　高位置。

8 　將全部皂液倒入模型中。

C
脫模

9 　脫模方式請見 p.181「冷製皂基本作法」的步驟 11 ～ 13。

冷製短時透明皂

文／娜娜媽

————

什麼是「冷製短時透明皂」？跟一般市面上常見的透明皂有何不同呢？

近年來皂圈吹起了一股透明皂風潮，不過大多是使用胺基酸皂，需加熱至 90℃才能溶解，讓我思考有沒有利用冷製法就能做出透明皂的方法。

在 2015 年出版的《娜娜媽的天然皂研究室》一書中，收錄了一款以椰子油、蓖麻油做成的透明皂，但當時只覺得好玩，尚未開始大量研究，不過似乎埋下了三年後玩出更多透明皂花樣的契機。

要怎麼製作冷製短時透明皂呢？其實關鍵在於使用高比例的水分，水分是氫氧化鈉的 3.5 倍以上，才能產生透明感，而且水不能以母乳、牛乳、豆漿等乳品取代。此方式製作而成的透明皂一旦接觸空氣就會霧化，但遇水後就又會回復到透明感，這是我將它命名「冷製短時透明皂」的原因。

冷製短時透明皂的
成功關鍵

透明皂雖然配方很簡單，但是失敗率極高，很具挑戰性。製作透明皂時要注意的細節很多、只要有一點點失誤，就無法成型，以下是我打了 50 公斤的透明皂所得到的心得與經驗，整理出以下重點，希望能夠幫助大家可以提高成功率。

POINT 1：打皂前的重點

❶ 建議先照著配方做，不要輕易更改配方。配方裡通常有椰子油和蓖麻油，建議都不要更動，想更換時，可將榛果油換成杏桃核仁油或已精製酪梨油。

❷ 建議選擇已精緻的油品，透明度會更漂亮。

❸ 建議剛開始不要添加精油，以免影響成皂（精油有可能加速皂化，新手容易應變不及，或是成皂偏軟無法脫模，故本書示範的透明皂配方，皆無添加精油以降低變因）。

▲ 使用雙格模型，適合少量製作。

❹ 建議一開始練習時，先做素皂或是變化性低的皂款，較能穩定操作。

❺ 想要做出透明感的顏色，一定要用耐鹼色水，若用一般色粉，就無法呈現透明感。

❻ 本書透明皂配方皆為 400g，並使用雙格模型製作，以避免失敗造成浪費。

POINT 2：打皂中的重點

❶ 透明皂的成功關鍵在於「**攪拌均勻**」，打皂時一定要時時提醒自己。

❷ 油品混合以後請均勻攪拌 1 分鐘，再倒入鹼液充分攪拌均勻並打到 light trace，才能再進行調色。不加顏色、不做造型的純透明皂，建議打到濃 trace，可增加成功率。

❸ 油溫和鹼液的溫度都要控制在 35℃以下，避免出現假化皂情況，讓人誤以為已經夠濃稠可入模了，但入模後卻無法成型。

❹ 可使用電動攪拌器打皂 3 ～ 5 分鐘，讓皂化更為完整，但做變化皂時要小心過稠來不及做變化。

❺ 用電動攪拌器攪拌後，一定要再用手動攪拌 300 下，讓每一個角落都攪打到，鍋邊記得也要刮到，使皂液更為均勻。

▲ 手動、電動輪流攪拌，讓鍋中的每一個角落都攪打到。

❻ 配方裡的蓖麻油比例高時，容易造成假皂化，要小心不要被假皂化騙了，一定要攪拌均勻再入模！

POINT 3：打皂後的重點

❶ 皂液入模後一定要覆蓋上保鮮膜，並放在保麗龍箱裡保溫（即使有開除濕機，隨著水分散發，還是會慢慢變霧），讓皂化更完整。

❷ 至少兩天後才能脫模，如果太快脫模皂可能還沒成型而失敗。

❸ 若要維持透明感，需包覆保鮮膜晾皂。皂包起來一樣可以進行皂化，不用擔心。

❹ 透明皂水分高容易變質，建議 3 個月內用完（不要一次製作太大量，以免用不完）。

❺ 使用真空袋包裝時，取出後建議放置一星期再使用，洗感會更棒。

❻ 真空袋包裝的皂會偏軟一點，使用時可以用起泡袋，用完自然瀝乾，盡可能保持乾燥。

冷製短時透明皂 Q & A

Q 不小心做失敗的皂,改怎麼補救呢?

A 可以做成洗手皂。打一鍋 400 公克的純椰子油皂,打到 light trace 以後,將無法成型的皂團加入並攪拌均勻再入模就可以了。

Q 怎麼樣判斷透明皂失敗了?

A 如果入模後出現油水分離、皂體不平整或是明顯出水等情況,就代表為假皂化、太快入模導致的失敗。如果入模超過兩天都無法成型時,就代表打皂時攪拌不均勻,導致皂化不完整,成皂就會像肥皂泡在很多水裡,無法脫模。

▲ 入模超過兩天,仍無法成形。

▲ 入模後兩天以上,還是呈現軟爛狀態,無法脫模。

▲ 皂液攪拌不均,成皂無法呈現出透明感。

▲ 皂體過於軟爛,蕾絲墊的花紋無法印上去。

▲ 原為透明皂中皂,透明皂體過於軟爛,無法成形。

Q 短時透明皂液有泡泡時,可以用酒精噴嗎?

A 冷製皂噴酒精的效果不大,所以製皂過程中盡可能避免產生氣泡。

Q 如何判斷皂液已攪拌均勻,可以往下操作?

A 攪拌至皂液完全沒有色差、且皂液表面無油光時,即可往下進行。

Q 如何提高短時透明皂的成功率？

A 「攪拌均勻」是關鍵，所以至少以手動攪拌＋電動攪拌 20 分鐘。

Q 做短時透明漸層皂時，一定要用要耐鹼色液嗎？

A 如果使用一般色粉或色液，透明感就會不見，想要呈現有色彩的透明感時，就要使用耐鹼色液。

使用色粉，呈現出非透明感的色塊。

使用耐鹼色水，呈現出透明感的顏色。

Q 短時透明皂的配方和作法和一般皂差不多，為什麼可以變成透明的呢？

A 加入 3.5 倍的水分是其關鍵。另一個關鍵在於配方中使用了椰子油與蓖麻油。

Q 製作短時透明皂時，除了椰子油與蓖麻油，還有其他推薦的油品嗎？

A 已精緻酪梨油、已精製山茶花、已精製榛果油、已精製杏桃核仁油，這些油品做成百分之百的純皂都很硬，也是娜娜媽試作後較不會有問題的油品，所以如果想替代或變換油品時，建議盡量以這幾款為主。

橄欖油的皂化速度較慢、成皂較軟；米糠油皂化速度太快，會來不及操作，且成皂偏黃，所以這兩款油品較不建議大家使用。

Q 如何判斷皂液已經濃稠到可入模的程度呢？

A 透明皂的重點在於攪拌均勻，讓皂液濃稠到畫 8 時可看見清楚立體的痕跡，即代表可入模了。

▶ 用手機掃描此 QR CODE，即可看示範影片。

冷製短時透明皂製作技巧

A
製冰

1 將純水製成冰塊備用。

Tip 水不能用牛奶或母乳等乳品取代，因乳類會讓皂變霧，就無法做出透明感。

B
融油

2 將所有油脂測量好並融合。秋冬氣溫較低時，椰子油會變成固體狀，需先隔水加熱後再進行混合。

C
溶鹼

3 將冰塊放入不鏽鋼鍋中，再將氫氧化鈉分 3 ～ 4 次倒入（每次約間隔 30 秒），同時需快速攪拌，讓氫氧化鈉完全溶解。

為了呈現清楚畫面所以用燒杯示範，實際操作時請務必使用不鏽鋼鍋。

Tip 若不確定氫氧化鈉是否完全溶解，可使用小濾網過濾。

Tip 拌勻後需靜 5 ～ 10 分鐘，讓原本霧狀的液體變成有如水般的清澈感，才能繼續下一個步驟。

靜置一段時間，霧狀的液體變清澈。

4 用溫度槍測量油脂與鹼液的溫度，二者皆在 35℃以下，且溫差在 10℃之內，即可進行混合。若溫差太大，容易假皂化。

D
打皂

5　將油脂沿著鍋緣緩緩倒入鹼液中（切忌以大力沖倒的方式），避免產生氣泡。

Tip 如果倒入時不小心力道過大產生氣泡，需靜置 20 分鐘使氣泡消除再進行下一個步驟，以免影響成皂美觀。

沿著邊緣倒入，可避免產生氣泡。　　　　大力沖倒會產生很多氣泡。

6　以玻棒或矽膠刮刀攪拌 200 下，使上下分離的油鹼完全混合。

Tip 這個手持攪拌的步驟很重要，因為下一個步驟我們要用電動攪拌器攪拌，速度較快、攪拌面積較大，有些地方可能無法攪拌到，所以先用手持攪拌，是混合均勻的關鍵。

7　改以電動攪拌器攪拌。先將攪拌器的刀頭斜斜放入（機身還不要放入），避免產生過多氣泡。放入後輕輕上下震動，將刀頭裡的氣泡敲出再裝上機身，稍微以手持方式攪拌，將多餘氣泡消除。

將刀頭斜斜放入，以避免產生過多氣泡。

Tip 電動攪拌器放入皂液後，不要輕易取出又放入，因為每放入一次，就會產生氣泡，需再重新消泡。

刀頭垂直放入，會產生許多氣泡。

8　將刀頭前端貼在容器底部，再裝上機身、啟動電動攪拌器，反覆進行 10 秒電動攪拌、10 秒手動攪拌的頻率，持續攪拌 3 ～ 5 分鐘，使皂液混合均勻，呈現微微的濃稠狀。

Tip 建議不要從頭到尾都用電動攪拌器攪拌。電動加手動，較能攪打均勻，記得鍋壁的皂液也要刮到，皂液才不會產生色差。

9　在皂液表面畫 8，痕跡不會消失即為 trace 的狀態。

E
入模

10　將皂液沿著模型邊緣緩緩倒入，避免產生氣泡。如果表面看得到一些氣泡，可用竹籤輕輕戳破消除。

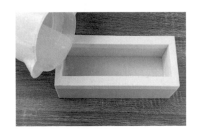

F
脫模

11　用保鮮膜覆蓋皂的表面，放入保麗龍箱裡保溫，兩天後再脫模。

12　脫模後以線刀切皂，切成單塊皂後立即用保鮮膜包覆起來或使用真空包裝，才能保持透明感，再放入保麗龍箱裡晾皂一個月以上。

Tip 切完皂後也可以不包覆保鮮膜晾皂，雖然整塊皂會變霧霧的，但遇水時就會變成透明感，也能帶來另一種驚喜與樂趣。

繽紛透明洗髮皂

透明皂的魅力無窮,真的會讓人越做越上癮,每次一邊試做時腦海中就會跳出更多的可能性,迫不及待的想將想法一一實際做出來。

透明皂的魅力在於簡單就很美,加點變化也會讓人驚豔。這款透明皂只加入了一點顏色,就呈現出糖果般的繽紛迷人,讓人每一塊都好想洗洗看。用山花茶做成的洗髮皂洗感也很棒,大人小孩都會喜歡喔!

材料	**油脂**		**添加物**	
	椰子油	120g	耐鹼色水	三原色
	蓖麻油	120g		
	杏桃核仁油	80g	**INS 硬度**	
	山茶花油	80g	146	
	鹼液			
	氫氧化鈉	60g		
	純水冰塊 210g（3.5 倍）			

作法

A
打皂

1　請見 p.216「冷製短時透明皂製作技巧」，進行至步驟 9。

2　在皂液中加入 3 滴的耐鹼色水，攪拌均勻。

　　Tip 可依個人喜好的顏色深淺，滴入 3～5 滴色水，調製出粉紅色或紅色皂液。

B
入模

3　將皂液沿著模型邊緣緩緩倒入，避免產生氣泡。如果表面看得到一些氣泡，可用竹籤輕輕戳破消除。

C
脫模

4　脫模方式請見 p.218「冷製短時透明皂製作技巧」的步驟 11、12。

山茶金箔洗顏皂

新手建議先從變化性少的皂款開始，才不會手忙腳亂導致失敗。這款入門款的透明皂，加入了保濕度高的榛果油與山茶花油，可以帶來舒適的洗感。

看到坊間出了閃亮亮的金箔面膜，讓我萌生靈感，將金箔加入皂中，用最簡單的方式，讓成皂看起來更加貴氣逼人！不過金箔小小一片可是不便宜，使用時以竹籤小心拿取入皂，不要直接用手觸碰，以免沾黏在手上。

材料

油脂

椰子油	100g
蓖麻油	120g
榛果油	100g
山茶花油	80g

鹼液

氫氧化鈉	59g
純水冰塊	207g（3.5倍）

添加物

金箔	1片

INS 硬度

138

作法

A
打皂

1　請見 p.216「冷製短時透明皂製作技巧」，進行至步驟 9。

2　利用竹籤將金箔輕輕撥入皂液中，攪拌均勻，攪拌均勻。

　　Tip 金箔容易沾黏，建議不要用手接觸，以免黏在手套上。

B
入模

3　將皂液沿著模型邊緣緩緩倒入，避免產生氣泡。如果表面看得到一些氣泡，可用竹籤輕輕戳破消除。

C
脫模

4　脫模方式請見 p.218「冷製短時透明皂製作技巧」的步驟 11、12。

蜂蜜苦茶滋養洗髮皂

大家看到這款皂應該會覺得有種衝突感吧，配方裡有苦茶油又有蜂蜜，苦甜交織做出的手工皂，洗起來會是什麼感覺呀？我與一些皂友試洗後發現，這款皂不僅能帶來綿密泡泡，沖洗容易且洗後不易打結，很適合想開始使用洗髮皂的朋友。

此款皂的重點在於蜂蜜的添加量不能過多，否則會影響成皂，此配方的是娜媽試做多次的結果。

材料

油脂

椰子油	140g
蓖麻油	140g
苦茶油	120g

鹼液

氫氧化鈉	61g
純水冰塊	214g（3.5倍）

添加物

蜂蜜	4g
水	10g

INS 硬度

156

作法

A
打皂

1 將 4g 蜂蜜加入 10g 水攪拌均勻備用。

2 請見 p.216「冷製短時透明皂製作技巧」，進行至步驟 9。

B
入模

3 將皂液沿著模型邊緣緩緩倒入，避免產生氣泡。如果表面看得到一些氣泡，可用竹籤輕輕戳破消除。

C
脫模

4 脫模方式請見 p.218「冷製短時透明皂製作技巧」的步驟 11、12。

榛果波浪透明皂

這是一款人見人愛的透明皂，在透明與不透明的交織對比下，讓很多人初次看到都驚訝不已，原來冷製皂也可以做出這麼透明的感覺。

可以視個人喜歡的顏色加入不同的色粉，製造出繽紛的線條。隨著每一次的手感不同，製作出獨一無二的流線，切皂時總是充滿驚喜，而且試過一種顏色就會不可自拔，想要嘗試其他五顏六色的變化，將全部色系排列在一起，一定會繽紛奪目。

材料

油脂

椰子油	120g
蓖麻油	120g
榛果油	120g
甜杏仁油	40g

添加物

紫色色粉	2g

鹼液

氫氧化鈉	60g
純水冰塊 210g（3.5倍）	

INS 硬度

144

作法

A
打皂

1　請見 p.216「冷製短時透明皂製作技巧」，進行至步驟 9。

2　將皂液平均分成兩杯，其中一杯加入紫色色粉並攪拌均勻。

Tip 粉材太少時，建議使用微量秤較能精準測量。

B
入模

3　先沾取一點原色皂液塗抹在模型邊緣，可使倒入皂液時移動時更順暢。

4　將紫色皂液沿著模型邊緣倒入（由左至右倒入一次），反覆倒入紫色與原色皂液，直到皂液全部倒入模型中。

5　將模型上下輕敲桌面，將多餘氣泡震動排出。

C
脫模

6　脫模方式請見 p.218「冷製短時透明皂製作技巧」的步驟 11、12。

榛果杏桃透明蕾絲皂

這款透明皂利用蕾絲花紋與漸變的顏色，製造出夢幻感，是很多女生一看就
愛上的皂款。

調和好藍色、綠色的皂液，刷在蕾絲墊片上即可，但要特別注意的是周圍的
皂液一定要刮乾淨，才不會影響整體的美感。要做出好看的皂，很多時候在
於細節，多一點巧思、多一點細緻，就會讓你的皂顯得與眾不同。

材料

油脂

椰子油	120g
蓖麻油	120g
榛果油	80g
杏桃核仁油	80g

鹼液

氫氧化鈉	60g
純水冰塊	210g（3.5倍）

添加物

綠色色粉	0.5g
藍色色粉	0.5g

工具

蕾絲墊片

INS 硬度

143

作法

A
打皂

1　請見 p.216「冷製短時透明皂製作技巧」，進行至步驟 9。

B
入模

2　取出 20g 皂液，分別加入藍色色粉、綠色色粉，攪拌均勻。

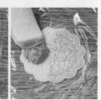

3　將蕾絲墊片放在保鮮膜上，以刮刀分別沾取藍色、綠色皂液，塗抹在墊片上。

4　將蕾絲墊片放在模型底部，再將皂液沿著模型邊緣緩緩倒入，避免產生氣泡。如果表面看得到一些氣泡，可用竹籤輕輕戳破消除。

C
脫模

5　脫模方式請見 p.218「冷製短時透明皂製作技巧」的步驟 11、12。

藍水晶分層皂

你以為只有用皂基才能製作出又透又亮的透明感？這款皂顛覆許多人的想像，用一般常見的油品與冷製製程，就能做出透亮清澈的皂款。

加入一點點藍色耐鹼色水，製作出有如藍色海洋般的純淨自然，不需太花俏複雜的裝飾，也能讓人感動不已。

材料

油脂

椰子油	140g
蓖麻油	140g
開心果油	120g

鹼液

氫氧化鈉	61g
純水冰塊 214g（3.5倍）	

添加物

藍色耐鹼色水	適量

INS 硬度

151

作法

A
打皂

1　請見 p.216「冷製短時透明皂製作技巧」，進行至步驟 9。

　　Tip 這一款皂出現假皂化的情形特別明顯，需確認皂液攪拌均勻，再進行調色與入模。

2　將皂液平均分成兩杯，其中一杯滴入 3 滴藍色耐鹼色水，攪拌均勻。

　　Tip 可依個人喜好的顏色深淺，滴入 3～5 滴色水，調製出粉藍色或藍色皂液。

B
入模

3　將藍色皂液沿著模型邊緣全部倒入後，再稍微水平搖晃模型，使皂液平整。

4　以同樣的方式，將原色皂液沿著模型邊緣倒入即可。

C
脫模

5　脫模方式請見 p.218「冷製短時透明皂製作技巧」的步驟 11、12。

初級款⑤

清透酪梨透明皂

這一款美到令人驚豔的透明皂,其實是無意間試做的成果。隨手加入的皂邊,製作出視覺效果極佳的皂中皂,將原本樸素的透明皂變成有如藝術品般的高貴奢華,這種驚奇與樂趣,大既也是讓人深陷皂海、不得自拔的原因之一吧!

以往做皂會建議大家選擇未精製酪梨油,以保留油品本身的成分,但是製作透明皂會建議選用已精製酪梨油,經過脫色脫臭處理,才能呈現出透明感。

材料

油脂

椰子油	120g
蓖麻油	120g
酪梨油	120g
甜杏仁油	40g

鹼液

氫氧化鈉	60g
純水冰塊 210g(3.5倍)	

添加物

皂邊	適量
金色色粉	適量

INS 硬度

145

Part3 | 娜娜媽的香氛造型皂 & 冷製短時透明皂 **233**

作法

A
打皂

1　將皂邊切成細薄片狀；準備好金色色粉與小孔篩網。

2　請見 p.216「冷製短時透明皂製作技巧」，進行至步驟 9。

B
入模

3　將皂液沿著模型邊緣緩緩倒入至一半高度，動作需放輕以避免產生氣泡。

　　Tip 將模型上下輕敲桌面，將氣泡震動排出。

4　以小濾網撒上薄薄的一層金粉，再輕輕放上皂邊。

5　將剩下的皂液沿著皂模邊緣緩緩倒入。如果表面看得到一些氣泡，可用竹籤輕輕戳破消除。

C
脫模

6　脫模方式請見 p.218「冷製短時透明皂製作技巧」的步驟 11、12。

檸檬蘇打海洋皂

平常在做透明皂時，總是小心翼翼地盡可能避免產生氣泡，以免影響美觀，不過唯獨在做這款皂時，可以稍微刻意的留下一些小氣泡，呈現出像蘇打汽水般的氣泡感。

舒服的淡藍色，加上漂浮在透明皂中的小氣泡，在夏天使用這皂塊時應該會感到沁涼無比吧！

材料

油脂

椰子油	120g
蓖麻油	120g
紅花油	40g
榛果油	120g

鹼液

氫氧化鈉	60g
純水冰塊 210g（3.5倍）	

添加物

藍色耐鹼色液	適量

INS 硬度

139

作法

A 打皂

1　請見 p.216「冷製短時透明皂製作技巧」，進行至步驟 9。

B 入模

2　先沾取一點原色皂液塗抹在模型邊緣，可使倒入皂液時移動時更順暢。

3　將皂液沿著模型邊緣倒入（由左至右來回一次）。

4　在皂液中加入一滴藍色色水並攪拌均勻，再將皂液沿著模型邊緣倒入（由左至右來回一次）。

5　重複步驟 4 的動作，加入兩滴色水攪拌均勻入模、加入三滴色水攪拌均勻入模……，直到全部皂液倒入模型中。

C
脫模

6　脫模方式請見 p.218「冷製短時透明皂製作技巧」的步驟 11、12。

「冷製短時透明皂」試洗分享

因為好奇跟上流行風潮，製作了一批透明胺基酸皂，並讓家人試洗並分享心得。年屆 80 的老母雀躍的拿著她的新歡皂（原本捨不得用、打算供起來膜拜的胺基酸金箔皂）進去浴室，30 分鐘後出來，一臉失望的神情一邊叨念著：「可惜了這塊胺基酸金箔皂，好看卻不好洗，洗後身體還是滑滑地、不易沖乾淨」，最後還是改回用她的舊愛——冷製手工皂。而其他人使用胺基酸皂後覺得用來洗頭髮還不錯，但洗臉就顯得乾澀。

後來無意間發現了娜娜媽研發的「冷製短時透明皂」，有著如同寶石般絢麗的色彩，但卻又是以熟悉的冷製皂作法，讓我忍不住也試洗並將它與胺基酸金箔皂 PK 比較一番，真心覺得娜娜媽的「冷製短時透明皂」完勝，哈哈！是一塊可以從頭洗到腳的萬用皂！

	冷製短時透明皂	透明胺基酸金箔皂
使用材料	天然油脂、氫氧化鈉、純水。	椰油醯谷氨酸、甘油、丙二醇、苯氧乙醇、三乙醇胺、香精、純水等。
洗髮	頭皮清潔、髮絲不乾澀。	尚可。
洗臉	泡沫柔細、洗後不緊繃、毛細孔不明顯。	泡沫細但洗後有點緊繃、毛細孔也較明顯。
洗身體	泡沫柔細、易沖洗不會有殘留感，洗後較保濕。	泡沫細、沖洗後皮膚會有滑滑殘留感。

流金歲月古龍皂

透明皂好玩的地方，就是可以呈現像 3D 立體般的線條，從各個角度看都有
不同的美感。這一款添加金粉的透明皂，華麗又貴氣。

材料

油脂

椰子油	140g
蓖麻油	120g
山茶花油	140g

鹼液

氫氧化鈉	61g
純水冰塊 214g（3.5倍）	

添加物

金粉	3g

INS 硬度

157

作法

A
打皂

1 請見 p.216「冷製短時透明皂製作技巧」，進行至步驟 9。

2 取出 150g 皂液，加入金粉攪拌均勻。

Tip 粉材太少時，建議使用微量秤較能精準測量。

B
入模

3 將原色皂液全部倒入模型中，再將模型上下輕敲桌面，將多餘氣泡排出。

4 倒入金色皂液，形成兩條長條狀，面積不平均也沒關係。

5 用竹籤沿著模型邊緣畫 10 圈，金色與原色皂液就會慢慢形成自然的流線形狀。

C
脫模

6 脫模方式請見 p.218「冷製短時透明皂製作技巧」的步驟 11、12。

進階款③

透明輕舞渲染皂

透明皂加上渲染技法，製作出這一款目眩神迷、充滿華麗感的皂款。像羽毛般輕盈的渲染技法，用來製作透明皂是最適合不過的了。切皂時總是充滿期待感。

◀ 不同方向的切皂方式，
會帶來不同花色的驚喜。

材料

油脂

椰子油	120g
蓖麻油	120g
杏桃核仁油	80g
開心果油	80g

鹼液

氫氧化鈉	60g
純水冰塊 210g（3.5 倍）	

添加物

二氧化鈦	7g
金粉	2g
藍色耐鹼色水　3 ～ 5 滴	

INS 硬度

143

作法

A
打皂

1 請見 p.216「冷製短時透明皂製作技巧」，進行至步驟 9。

2 將水加入二氧化鈦（1：1），攪拌均勻至無顆粒。

3 將皂液平均分成三杯，分別加入 3～5 滴的藍色色水、3g 金粉、與步驟 2 調和好的二氧化鈦，攪拌均勻。

   Tip 粉材太少時，建議使用微量秤較能精準測量。

B
入模

4 將藍色皂液沿著模型邊緣全部倒入後，再稍微水平搖晃模型，使皂液平整。

5 將白色皂液倒在正中央，形成略粗的面積（白色皂液不要全部倒完）。

6　將金色皂液全部倒在白色皂液上，使白色皂液往兩邊擴散。

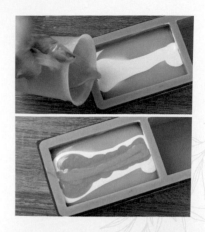

7　將剩下的白色皂液倒在金色皂液上，形成兩條直線。

8　用竹籤勾勒條線。先以 Z 字型沿著模型邊緣畫出條線後，再從中間貫穿收尾。

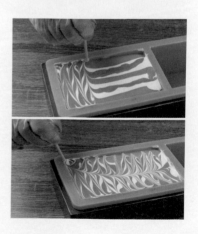

C
脫模

9　脫模方式請見 p.218「冷製短時透明皂製作技巧」的步驟 11、12。

挑戰款①

紫醉金迷華麗皂

想要呈現華麗感時，金色與紫色絕對是很好的選擇。將不同顏色的皂液分次
倒入，製造出層層疊疊的立體感。

材料

油脂

椰子油	120g
蓖麻油	120g
杏桃核仁油	160g

鹼液

氫氧化鈉	60g
純水冰塊	210g（3.5 倍）

添加物

紫色色粉	2g
金色色粉	2g

INS 硬度

142

作法

A
打皂

1　請見 p.216「冷製短時透明皂製作技巧」，進行至步驟 9。

2　取出兩杯各 50g 的皂液，分別加入紫色色粉、金色色粉，攪拌均勻後，再各別加入 100g 原色皂液，再次攪拌均勻。

Tip 粉材太少時，建議使用微量秤較能精準測量。

Tip 分兩次加入原色皂液進行調色，可讓顏色更加均勻。

B
入模

3　將紫色皂液倒入模型中，呈小圓狀。

4　將原色皂液倒在紫色圓圈上。

5　將金色皂液倒在同一位置上，稍微超出原本圓形面積也沒關係。

6　重複步驟 3～5，依序將紫色、原色、金色皂液倒入，直到所有皂液全部倒入模型中。

C
脫模

7　脫模方式請見 p.218「冷製短時透明皂製作技巧」的步驟 11、12。

芒果透明漸層皂

製作漸層透明皂的最大挑戰來自於「時間」，因為需要透過反覆加入色水、攪拌、入模的動作，製造出層次感，但是皂液是不等人的，一旦動作太慢使皂液變得太濃稠，就難以操作甚至導致失敗。而在時間的壓力下，還必需兼顧輕盈的動作，以免產生過多氣泡，是一款看起來簡單，但實際操作起來可是一點都不容易的皂款。

材料	油脂		添加物	
	椰子油	100g	黃色耐鹼色水	適量
	蓖麻油	140g	紅色耐鹼色水	適量
	榛果油	160g		

鹼液

INS 硬度

氫氧化鈉　　　59g

135

純水冰塊 207g（3.5 倍）

作法

A
打皂

1　請見 p.216「冷製短時透明皂製作技巧」，進行至步驟 9。

B
入模

2　將皂液平均分成兩杯備用，一杯製作黃色漸層皂、一杯製作紅色漸層皂。

3　製作黃色漸層。在皂液中加入 2 滴黃色耐鹼色水，攪拌均勻。

4　沿著模型邊緣，倒入皂液（由左至右倒入一次）。

Tip 先沾取一點皂液塗抹在模型邊緣，可使倒入皂液時移動時更順暢。

5 重複步驟 3、4 的動作，將皂
液倒完為止。

Tip 維持加入 2 滴的色水，隨著
皂液越來越少，顏色就會越來
越深，就會形成美麗的漸層。

6 製作紅色漸層。在皂液中加
入 2 滴紅色耐鹼色水，攪拌
均勻，沿著模型邊緣倒入（由
左至右倒入一次）。

7 重複加入色水、倒入皂液的
動作，將所有皂液倒完。

Tip 倒入的層次越多，製作出的
漸層就會越細緻喔！

C
脫模

6 脫模方式請見 p.218「冷製短
時透明皂製作技巧」的步驟
11、12。

挑戰款③

奇幻星球皂

這一顆顆充滿神祕紋路的圓球，看起來是不是很像宇宙裡的行星，家有星際太空迷的小朋友，應該會愛不釋手吧！隨意倒入不同顏色的皂液，勾勒出不同層次，創造出神祕感。

材料

油脂

椰子油	140g
蓖麻油	120g
澳洲胡桃油	60g
酪梨油	80g

添加物

金色色粉	1g
綠色色粉	1g
藍色色粉	1g
備長碳粉	少許

鹼液

氫氧化鈉	61g
純水冰塊 214g（3.5 倍）	

INS 硬度

156

作法

A 打皂

1　請見 p.216「冷製短時透明皂製作技巧」，進行至步驟 9。

B 入模

2　取出四杯各 35g 的皂液，分別加入藍色、綠色、黑色、金色色粉，攪拌均勻。

Tip 粉材太少時，建議使用微量秤較能精準測量。

3　將原色皂液緩緩倒入圓球模型中。

5　接著分別倒入各色皂液。將紙杯捏成尖嘴狀，較易倒入。

C
脫模

6　脫模方式請見 p.218「冷製短時透明皂製作技巧」的步驟 11、12。

吐司模入模示範

① 取出四杯各 35g 的皂液，分別加入藍色、綠色、黑色、金色色粉，稍為攪拌。再將各色皂液隨意倒入原色皂液。

② 輕輕搖晃杯身，或是用玻棒稍微勾勒出紋路。

③ 將皂液倒入模型中即可。

一起來打皂！
貼心三大服務

手工皂材料
各式油品／ Miaroma 環保香氛代理／單方精油／
手工皂＆液體皂材料包、工具

客製化代製
代製專屬母乳皂／手工皂／婚禮小物／彌月禮／
工商贈品

DIY 教學課程
基礎課／進階課／手工皂證書班／冷製短時透明皂／
渲染皂／分層皂／捲捲皂／蛋糕皂／液體皂

娜娜媽媽皂花園
購物車：www.enasoap.com.tw
地址：新北市新店區北新路 2 段 196 巷 9 號 1 樓
　　　（近捷運新店線七張站）
電話：0922-65-9988
信箱：enasoap@gmail.com

 購物車　　　 淘寶網（需先下載淘寶 APP）

自己的香氣
自己調

· **安心成分**

· **環保原料**

· **純香馥方**

· **體驗全新的香氛美學**

青檸萊姆

清茶

鳶尾根複方

凡爾賽麝香

天使麝香

紳士岩蘭

iparfumeur

www.iparfumeur.com

生活樹 生活樹系列 065

娜娜媽 ×Aroma 手工皂精油調香研究室

作　　　者　娜娜媽・Aroma
攝　　　影　范麗雯
總　編　輯　何玉美
主　　　編　紀欣怡
封 面 設 計　FE DESIGN
內 頁 設 計　陳仔如
插　　　畫　莊欽吉
內 文 排 版　許貴華

出 版 發 行　采實文化事業股份有限公司
行 銷 企 劃　陳佩宜・黃于庭・馮羿勳・蔡雨庭
業 務 發 行　張世明・林踏欣・林坤蓉・王貞玉
國 際 版 權　王俐雯・林冠妤
印 務 採 購　曾玉霞
會 計 行 政　王雅蕙・李韶婉
法 律 顧 問　第一國際法律事務所　余淑杏律師
電 子 信 箱　acme@acmebook.com.tw
采 實 官 網　www.acmebook.com.tw
采實粉絲團　www.facebook.com/acmebook01

I S B N　978-957-8950-61-0
定　　　價　420 元
初 版 一 刷　2018 年 11 月
初 版 四 刷　2021 年 3 月
劃 撥 帳 號　50148859
劃 撥 戶 名　采實文化事業股份有限公司
　　　　　　104 台北市中山區南京東路二段 95 號 9 樓
　　　　　　電話：（02）2511-9798　傳真：（02）2571-3298

國家圖書館出版品預行編目資料

娜娜媽 ×Aroma 手工皂精油調香研究室 / 娜娜媽 , Aroma 作 . -- 初版 . --
臺北市：采實文化 , 2018.11
　面；　公分 . --（生活樹；65）
ISBN 978-957-8950-61-0（平裝）

1. 肥皂 2. 香精油

466.4　　　　　　　　　　　　　　　　　　　107014330